一看就会 数码摄影就这么简单

［日］后藤彰仁，ナイスク 著

李峥 译

人民邮电出版社

北 京

图书在版编目（CIP）数据

　　一看就会：数码摄影就这么简单 ／（日）后藤彰仁
著；李峥译. -- 北京 ：人民邮电出版社，2017.9
　　ISBN 978-7-115-46554-2

　　Ⅰ．①一… Ⅱ．①后… ②李… Ⅲ．①数字照相机—
摄影技术 Ⅳ．①TB86②J41

　　中国版本图书馆CIP数据核字(2017)第176772号

版权声明

◆　著　　　　[日]后藤彰仁　ナイスク
　　译　　　　李　峥
　　责任编辑　张　贞
　　责任印制　周昇亮
◆　人民邮电出版社出版发行　　北京市丰台区成寿寺路 11 号
　　邮编　100164　电子邮件　315@ptpress.com.cn
　　网址　http://www.ptpress.com.cn
　　北京盛通印刷股份有限公司印刷
◆　开本：690×970　1/16
　　印张：12　　　　　　　　　　2017 年 9 月第 1 版
　　字数：285 千字　　　　　　　2017 年 9 月北京第 1 次印刷
　　　　　著作权合同登记号　图字：01-2016-1184 号

定价：59.00 元
读者服务热线：(010)81055296　印装质量热线：(010)81055316
反盗版热线：(010)81055315
广告经营许可证：京东工商广登字 20170147 号

内容提要

　　本书是一本能够迅速提高初学者摄影水平的技巧型图书，笔者将摄影初学者最迫切需要解决的问题逐一列出，细致讲解，并给出最为简单实用的解决方案。书中主要内容包括数码单反摄影的基础知识，专业摄影师传授的令人茅塞顿开的摄影技巧，以及人像、风景、花卉、动物、美食等不同题材的拍摄技巧等。笔者将这些技法分门别类，通过图示及文字的清晰阐述，不仅可以帮助摄影爱好者解决实际拍摄中的大量问题，同时也提供了专业的指导和建议。

　　本书适合广大摄影爱好者、初学者，相信本书会成为想要拍出专业级数码照片，却缺乏实际摄影技巧的用户的实用指南。对于有一定经验的摄影师，本书也同样适用。

目　录

第3章 3 根据不同的对象及场景选择不同的拍摄技巧

目 录

第4章 4 了解并掌握各种镜头的详细特征

第5章 5 器材的保养与保管

目　录

第1章

1 数码单反相机 拍摄前的注意事项

01 购买相机前 请先确认相机的快门寿命

关键词：　　快门寿命　　　EXIF 信息

在购买数码单反相机之前，您最好先确认清楚该款机型的快门寿命是多久，快门寿命越长相机的使用寿命也就越久。快门单元如果出现故障的话，根据机种的不同，修理费用一般也不尽相同。另外，相机的累计拍摄次数可通过厂家的客服中心或是照片的 EXIF 信息来查询。

● 快门寿命

简单来讲，快门单元就是拍摄时控制快门帘幕开闭的一种装置。下一页的列表为大家列出了部分入门级以及专业级数码单反相机的快门寿命。通常情况下，入门级单反相机的快门寿命约为 3 万次～10 万次，中端单反相机约为 15 万次左右，而专业级单反相机一般可达 20 万次～30 万次。快门单元如果出现故障的话是可以更换的，但如果您的机型过于古老的话，与其花费大量时间和金钱去修理，不如重新买一个成色较好的二手机身更为划算。

在您购买二手相机时，最好先向店家询问一下快门的使用次数以及快门单元有没有被更换过。如果您担心店家所言不实，可前往厂家的客服中心或是通过照片的 EXIF 信息亲自进行确认。

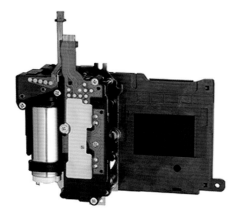

■ 快门单元

快门单元是控制快门帘幕开闭的一种装置。根据相机类型的不同，快门寿命长短不一，在购买前最好先确认清楚所选相机的快门寿命。

准备篇

■ 确认快门寿命

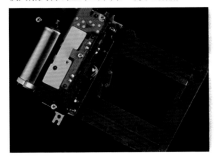

快门耐久测试达约15万次，可安心拍摄

反光镜反弹的有效抑制、快门驱动的高效化以及磨损的降低等，使EOS 5DS / 5DS R的快门耐久测试达到了约15万次，具有很高的耐久性。即使高性能的连拍令相机的拍摄数量大幅增加，也能长期安心拍摄。

※快门耐久次数根据使用环境、条件等有所变化。

通常厂家会在官网上公布各机型快门寿命的数据，所以在购买相机前先去官网进行确认吧。

■ 各机型的快门寿命

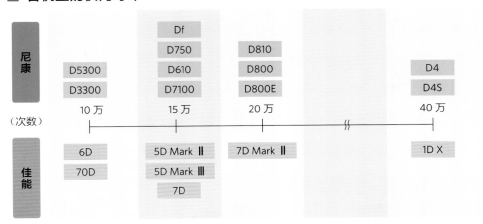

尼康	D5300 D3300	Df D750 D610 D7100	D810 D800 D800E		D4 D4S
（次数）	10 万	15 万	20 万		40 万
佳能	6D 70D	5D Mark II 5D Mark III 7D	7D Mark II		1D X

上表列举了一些当前主流机型的快门寿命。通过这张图表我们可以得知专业单反相机的快门寿命要远远超过入门级单反相机。

> **要点**
> ● 根据机型的不同，相机快门单元的寿命也各不相同。
> ● 快门单元出现故障时可以有偿更换。
> ● 相机的累计拍摄次数可通过照片的 EXIF 信息进行查询。

02 购买时必须确认的项目
——相机的防水滴防尘性能

关键词：　防尘·防水滴　　气吹

> 粉尘和水滴是造成相机和镜头出现故障的罪魁祸首，所以如果您的资金充裕，最好选择具有防尘和防水滴性能的机身和镜头。另外在拍摄间隙还可以用气吹和镜头纸对器材进行清洁，力求防患于未然。

● 经常拍摄风景作品请选择具备防水滴防尘性能的机型

在拍摄风景或是体育比赛时，风沙和粉尘总会在不知不觉中附着在相机上面。如果您常在室外更换镜头的话，那些杂质还会趁机侵入到相机内部。所以我们必须时刻保持警惕，提高保护相机和镜头的意识。

首先，最简单的办法是选择具有防尘和防水滴性能的机身和镜头。目前佳能、尼康、宾得等厂家的各机型几乎全都具备出色的防尘防水滴性能，而像适马和腾龙等副厂的产品还尚未完全具备此功能。一般厂家官网以及产品宣传册上都会注明该款器材是否可以防尘防水滴，所以请您在购买前务必确认清楚。除了依靠器材本身的能力，勤于清洁保养同样十分重要。为此笔者特意在摄影包里常备清洁用的气吹

防水滴防尘性能保护相机不易受尘埃雨露侵蚀

EOS 5DS / 5DS R进行了严格的防水滴防尘处理，如操作部件、电池仓盖、存储卡插槽盖等，快门按钮、速控转盘等拍摄时易进入灰尘或水的部分也都进行了严苛的防水滴防尘处理。EOS 5DS / 5DS R在多种拍摄环境中均值得信赖。

※本机构虽然具有一定的防水滴性能，但是如果在雨天拍摄时，请尽量不要淋湿。

■ 请确认机身及镜头的防水滴防尘性能

通过厂家官网以及产品目录可以迅速了解到机身和镜头是否能够防尘防水滴，笔者建议经常在室外拍摄的朋友务必购买可以防尘防水滴的器材。

和镜头纸，以便能够随时清洁器材。另外，机身和镜头的接合部以及镜头上的AF/MF切换开关处也非常容易进灰尘，所以对这些部位也要定期进行除尘，力求防患于未然。

■ 镜头的接合部

机身和镜头的接合部很容易进灰进水。

■ 液晶监视器和机身的接合部

液晶监视器和机身的接合部同样容易积灰进水，这是相机出现故障的潜在原因之一。

■ 气吹

用气吹"噗噗"几下便可轻松吹掉大部分的灰尘，因此它是保养器材的必备品之一。

要点	● 尽量避免相机接触风沙和水滴。 ● 如果经常在室外拍摄的话，请选择防尘防水滴的器材。 ● 为了预防故障的发生，请定期对机器进行保养。

03 体验相机的手持感

关键词：　手持感　　常用镜头

挑选相机时，从网络上收集到的信息或是厂家提供的产品宣传册只能作为一个参考，您最好亲自去卖场端起相机试试合不合手，同时拍摄几张样片体验一下实际的操作感受。

● 百闻不如一见

相信很多摄影爱好者都是听了朋友的推荐或是在各大摄影论坛上咨询了无数意见之后才决定购买某一款相机吧。对于初次接触摄影的朋友们来说，这的确可以帮助我们少走许多弯路。但是人与人的手大小不一样，所以每个人手持相机时的感觉是不同的。此外根据不同的拍摄需求，我们会用到不同种类的镜头，而安装镜头后的相机拿起来是否称手之类的问题，如果我们不去卖场实际体验操作一番的话，是得不到准确答案的。

■ 体验单反相机的手持感

将准备购买的相机和镜头组装在一起，然后端起相机，充分体验它们的真实重量以及实际操作手感。

准备篇

厂家在宣传产品时通常会反复强调自家的相机有多么轻便小巧。其实，轻便小巧的机型并非适用于所有人，有时具备一定重量和尺寸的相机反而用起来更加称手。例如现在流行的微单相机虽然携带起来确实方便，但是对于手掌宽大的男性朋友们，它的手持感并不会很好。所以您一定要亲手端起相机，充分体验相机的实际重量以及操作手感之后，再决定是否购买。

■ 体验微单相机的手持感

微单相机的重量要比单反相机轻不少，所以手持感也会变弱。

■ 手带

平时习惯使用手带的朋友在购买相机前一定要将手带实际安装在相机上，仔细确认手带是否牢固。

要点	● 端起相机充分体验相机的真实重量以及实际操作手感。 ● 轻便小巧的相机可能并不称手。 ● 选择符合自己摄影习惯的相机。

04 电池的耐久性

1

数码单反相机拍摄前的注意事项

　　拍摄前我们一定要先了解自己的相机在充满电的情况下能够工作多长时间，如果您感觉一块电池无法坚持到拍摄结束的话，最好多准备几块备用电池。在天气特别寒冷的地方拍摄时电池的消耗速度会比平时快，这时可将电池放在怀中焐热帮助其恢复活性。相机顶部的液晶显示屏会显示电量的剩余程度，为了不错过您遇到的每一个精彩瞬间，请养成随时检查电量的习惯。

● 长时间拍摄时请随时留意剩余电量

　　在长时间连续拍摄时请您时刻留意电量的剩余情况。如果我们能够事先了解电池在充满电的情况下能够使用多久，就不会在相机突然没电时手忙脚乱。另外，在天气特别寒冷的地方拍摄时电池的消耗速度会比平时快。根据笔者的实际感觉，当气温在零摄氏度左右时，电池消耗速度约为正常情况下的两倍，此时如果您在拍摄视频短片或是长时间查看液晶显示屏，那么电池坚持不了多久就会没电。

■ 确认剩余电量

通过液晶显示屏上的电池符号可了解当前电量的剩余情况。

准备篇

遇到这种情况时，我们可将电池放在怀中焐热帮助其恢复活性。笔者在某年冬天参加一场两天一夜的外拍活动时，就是把四块电池放在内衣口袋里焐热才顺利坚持到整个活动结束的。电池是通过内部的镍、氢等元素发生一系列的化学反应来生成电量的。在寒冷的环境下这种化学反应会变得缓慢，导致电池电量不足。用体温焐热电池可使其内部化学反应重新变活跃，从而产生正常的电量。

■ 使用液晶监视器会加剧电量的消耗

长时间开启相机的实时取景功能会加剧电量的消耗，所以在拍摄完毕后请及时关闭此功能。

■ 备用电池

为了避免搞混，请事先给备用电池做上标记。

<table>
<tr><td rowspan="3">要
点</td><td>● 事先了解电池在充满电的情况下可以坚持多久。</td></tr>
<tr><td>● 在气候寒冷的地方拍摄时电池的消耗速度会变快。</td></tr>
<tr><td>● 因气温太低导致电池电量被提前耗尽时，可将电池放在怀中焐热，帮助
　其恢复活性。</td></tr>
</table>

05 买单反相机还是微单相机?

关键词： | 单反相机 | 微单相机

如果您在为购买单反相机还是微单相机犹豫不决的话，不妨先听听笔者对这二者的简单评价。单反相机不仅有超强的静物拍摄能力，同时在拍摄运动物体方面更有优势。微单相机最大的优点是机身小巧便于携带，并且在画质和便携性之间取得了平衡。另外单反相机凭借其丰富的镜头群在面对各类被摄对象时都会有良好的发挥。微单相机镜头种类虽少，但是相比价格昂贵的单反相机，不管是机身还是镜头均有不错的性价比。

● 当您犹豫该买哪款相机时

随着技术的不断进步，数码相机的更新换代速度越来越快，这也极大地增加了我们选择的难度。为了帮助大家做出更加合理的判断，笔者先来简单介绍一下单反相机和微单相机各自的优缺点。

先来说说微单相机。微单相机小巧灵活，特别适合在外出游玩时携带。在画质上虽然比不过数码单反相机，但是相比普通的卡片机还是要强很多。此外由于没有

■ 微单相机

不会给被摄者带来强烈的压迫感，快门释放声音更安静，这两大特点是微单相机深受大家追捧的重要原因。

■ 小巧轻便

小巧轻便的微单相机常被当作单反相机的备用机来使用。外出游玩时，特别适合用它来记录自己轻松愉快的心情。

反光镜所以拍照时的声音会更轻。最后也是最重要的一点是价格便宜，机身和镜头加在一起也许都没有单反相机的机身贵。

下面再来看看数码单反相机。首先数码单反相机的感光元件面积更大，理论上画质会更出色。其次单反相机的镜头种类丰富，面对各种被摄对象都能有着良好的发挥，扩展性更好。此外单反相机和微单相机的取景方式有所不同。单反相机使用的是光学取景器，光线通过镜头后首先到达反光镜，经反光后进入五棱镜，然后由五棱镜反射到目镜，最后进入拍摄者的眼睛里。通过光学取景器得到的图像通透明亮，如眼所见，而且因为是光学反射成像所以耗电量为零。微单相机用的是电子取景器，光线进入镜头后直接打在感光元件上，然后通过电子取景器显示图像。电子取景的优点是相机的所有参数都会直观地显示在取景器上，其呈现的画面即是最终的影像，也就是所见即所得。缺点是电子取景器上的图像不像光学取景器上那样细腻明亮，而且耗电量会很大。

说到这里有的朋友可能会问："那么我到底该选哪一款呢？"笔者认为相机的规格参数固然重要，但是如果您对它没感觉，不想带着它上街的话，功能再强大又有什么用呢？

■ 单反相机

单反相机快门反应速度快，拍摄运动场景也毫无压力。此外由于感光元件的尺寸更大所以画质也更为出色。

■ 擅长捕捉运动的物体

右图是笔者利用高速快门拍摄的渔船。单反相机擅长捕捉运动的物体，可以在人们想要拍照的瞬间迅速响应。

要点	● 微单相机小巧轻便，便于携带，价格相对便宜。 ● 单反相机的画质更加出色，镜头种类丰富。 ● 结合个人预算以及拍摄风格选择最适合自己的相机。

准备篇

06 改变曝光模式丰富自己的作品风格

关键词：　曝光模式　　光圈优先　　快门优先

　　随着对摄影的理解逐渐加深，相机的全自动曝光模式可能已经无法满足您的创作需求了，这时您需要尝试其他更为复杂的曝光模式。例如可以控制景深的光圈优先模式，可以调整曝光时间的快门优先模式以及两者都可手动调节的全手动曝光模式等。

● 灵活运用各种曝光模式 拍出有自己想法的作品

　　相信大家在拍摄时都遇到过这样的情况：使用全自动曝光模式拍摄某一场景后，在现场回放时感觉拍得还不错，但是等我们将拍摄数据传到电脑上再次查看时却发现拍得其实很一般。这到底是为什么呢？笔者认为这很可能是由于您没有设定好光

■ 全自动模式

所有参数的调整均由相机自动完成的拍摄模式。用全自动模式拍摄的照片虽然也很不错，但是往往很难将作者的真实创作意图表现出来。

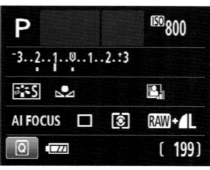

■ 其他曝光模式

除了程序自动曝光模式（P）之外，还有光圈优先模式（A，Av）、快门优先模式（S，Tv）以及全手动曝光模式（M）。

圈、快门以及白平衡的参数。例如拍摄奔跑中的孩子或是在林间行进的列车等运动物体时，可能您本来想拍摄一张主体清晰的作品，但得到的却是一张模模糊糊什么也分辨不出的图像。另外在拍摄花朵时，为了让花儿从杂乱的背景中凸显出来所以希望将背景虚化掉，但最后背景依旧被清晰地保留下来。

　　如果您遇到了上述问题，说明相机的全自动曝光模式可能已经无法满足您的创作需求了，这时您需要尝试其他更为复杂的曝光模式。首先是光圈优先模式（A，Av）。在光圈优先模式下，我们可以控制的是画面景物合焦的范围（也叫景深）。浅景深能够使画面看上去更加柔和，深景深可使画面中的全部被摄物体都能合焦。其次是快门优先模式（S，Tv）。快门优先模式是通过调节相机的快门速度来控制照片的曝光时间。高速快门可以将快速行驶中的车辆定格住，慢速快门可以表现出瀑布或河流的平顺感。

■用全自动模式拍摄的作品

> 1/125 秒

在全自动模式下相机是按照正常情况来设定快门速度的，无法将瀑布表现成平顺柔滑的样子。

■用快门优先模式拍摄的作品

> 1.3 秒

调整到快门优先模式之后笔者将快门速度降低至1.3秒，瀑布也变得顺滑起来。

要点	●全自动模式往往很难将作者的真实创作意图表现出来。 ●光圈优先模式可以调节画面的景深。 ●快门优先模式可以改变运动物体的表现形态。

07 三脚架的应用

关键词： | 三脚架 | 快门线 | 延时拍摄 | 反光镜预升 |

1

数码单反相机拍摄前的注意事项

　　拍摄时照片经常会因为手的轻微抖动而模糊，避免这类情况发生最有效的办法就是使用三脚架。不过即便为相机架设三脚架还是无法完全避免抖动的出现，风的影响、地面传来的震动以及快门和反光镜的动作同样有可能使相机发生细微的抖动。因此如果条件允许最好使用加重型三脚架，同时配合使用快门线以及相机的定时自拍功能、反光镜预升功能来进行拍摄。

● 使用三脚架可有效避免抖动的发生

　　在相机上回放时明明是一幅很清晰的作品，但上传到电脑或打印出来欣赏时却发现照片还是被拍模糊了。通常情况下使用三脚架可有效避免照片模糊的发生，不过有时风的影响、从附近道路传来的震动以及按动快门时的晃动还是会对相机产生干扰。所以接下来笔者将自己总结出的一些防止震动的经验拿出来供大家参考。

准备篇

■ 三脚 + "一脚"

长焦镜头对震动很敏感，当我们使用超长焦拍摄时即便是非常轻微的震动也可能使照片模糊。为了使三脚架更稳定，我们可以用重物为其再添"一脚"。

首先，为了减轻刮风以及地面传来的震动对相机的干扰，笔者建议大家使用加重型三脚架，或是将重物（如背包）挂在普通轻型三脚架的中轴下降低重心，使其结构更加稳定。其次，为了解决按动快门时相机容易出现震动的问题，可以使用快门线或是将拍摄模式设置为自拍定时，这样我们的手就不用接触相机快门了。此外我们还可以开启相机的反光镜预升功能，减轻反光镜在工作时产生的轻微震动。

■ 快门线

如果用手直接按动快门难免会使相机产生震动，而使用快门线的话我们的手就不用接触快门了。

■ 自拍定时功能

如果没有快门线可以试试相机的自拍定时功能。有些机型还可以自己设定定时秒数。

■ 反光镜预升

开启相机的反光镜预升功能可以减轻反光镜工作时产生的轻微震动。反光镜预升的意思是指在按下快门之前反光镜就提前升起，而不是等到按动快门时才翻转，因此便能够有效减轻反光镜的震动。

要 点	● 加重型三脚架能够有效地防止抖动的出现。 ● 为三脚架再加"一脚"可使相机更稳定。 ● 灵活运用快门线及相机的定时拍摄功能。

08 设置相机的感光度

关键词：ISO 感光度　　高感光度　　低感光度

提高相机的感光度可以使快门速度变得更快，但同时也会令画质越来越粗糙。有些朋友因为过分追求高画质导致自己错过了许多转瞬即逝的美好瞬间。而笔者平时会将感光度常设为 ISO 400，这样既不会损失太多的画质，又能保证快门速度足够快，必要时可根据场景的变化迅速切换至 ISO 100 或 ISO 1600。

● 高感光度会使画质变粗糙

数码相机的 ISO 感光度是指相机图像传感器对光线的敏感程度，其大小用 ISO 数值来表示。对于大部分数码相机而言，当感光度超过 ISO 1600 以后照片画质会明显变得粗糙起来。近年来随着技术的不断提高，某些高端机型在非常高的感光度下也能拍出比较清晰的作品。但笔者还是习惯将感光度设置为 ISO 400，这样既不会使画质损失太多，又能保证快门速度足够快，必要时可根据不同场景的需要迅速切换至 ISO 100 或 ISO 1600。如果您为了图方便将感光度设置为自动模式的话，在光线较暗的场所拍摄时 ISO 值会自动被调高，照片阴影部分会有明显的颗粒感。另外在

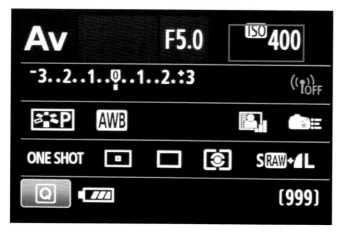

■ 确 认 当 前 使 用 的 ISO 感光度数值

通过液晶屏确认相机当前的 ISO 值。

准备篇

光线充足、曝光环境相对稳定的场所拍摄时，我们还可以通过调整ISO值来控制光圈和快门的变化，使作品风格更加丰富。

■ 将感光度常设为ISO 400

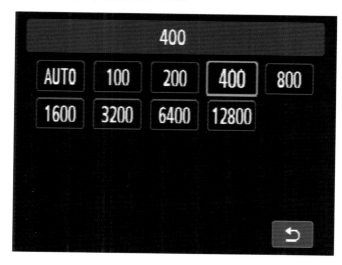

将感光度设置为ISO 400，可根据场景需要迅速切换至ISO 100或ISO 1600

■ 使用ISO 1600拍摄的作品

这幅作品看起来很清晰，但是当我们用电脑将它放大或是用A4相纸打印出来之后，会发现颗粒感还是十分明显的。

要点

● 数码相机的 ISO 感光度是指相机图像传感器对光线的敏感程度。
● 笔者建议将感光度常设为 ISO 400。
● 在曝光环境相对稳定的场所拍摄时，调整 ISO 值可以控制光圈和快门的变化，使作品风格更加丰富。

09 将常用功能添加至 "我的菜单"

关键词： 我的菜单 反光镜预升

数码单反相机拍摄前的注意事项

1

准备篇

现在的数码单反相机功能非常丰富，可以满足我们对拍摄的各种要求。但是由于每个人的拍摄风格不同，有的功能常会用到而有的可能完全没被用到。如果我们把常用选项添加至 "我的菜单" 的话，就能根据需要迅速调整相关设定。例如某些摄影师需要经常使用反光镜预升功能，但是相机本身的快捷键并没有这个选项，这时我们可将其加入 "我的菜单"，减少操作的步骤。

● 十分便利的 "我的菜单" 功能

为了更加快捷地使用到相机的各项功能，请一定要试试 "我的菜单" 这项功能。通过 "我的菜单"，我们可以把经常用到但又不属于相机快捷键的选项集合在一起，按照需要迅速修改相关参数，令拍摄过程变得更加轻松。

笔者常用的选项有反光镜预升、白平衡、照片风格、MWB图像选择、长时间曝光降噪以及高ISO感光度降噪等。反光镜预升的意思是相机在曝光前预先将反光镜提升并锁定，可有效避免因反光镜翻动而产生的震动。笔者在长时间曝光或是使用长焦距镜头拍摄时经常会用到此功能。白平衡是使用何种色温为基准的设定，常用的是与人眼视觉效果相接近的日光模式。照片风格是借助相机内的图像处理器使照片拥有不同风格的一项功能，笔者经常使用的是强调被摄物体色彩，使照片色调更为鲜明的风光模式。添加长时间曝光降噪以及高ISO感光度降噪这两项功能，是因为笔者经常要根据场景的变化（如白天黑夜的变化）对设定进行更改。不论佳能

■ 笔者的 "我的菜单"

左图为笔者添加至 "我的菜单" 的常用选项。事先把自己常用的选项添加至 "我的菜单" 可在需要时立即进行调整。

还是尼康相机都有"我的菜单"这项功能，使用方法也大致一样。下面笔者将以佳能相机的操作画面为例向大家简单地说明一下操作方法。

■ "我的菜单"的设置方法

进入"菜单"界面，选择"我的菜单设置"。

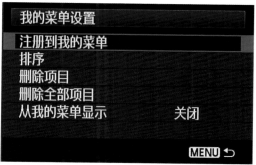

选择"注册到我的菜单"。

根据自己的拍摄习惯，将经常使用的选项添加至"我的菜单"。

> **要点**
> ● 利用"我的菜单"功能，把常用选项集合在一起。
> ● 将操作步骤比较烦琐的选项添加至"我的菜单"可使拍摄变得更加轻松。
> ● 结合自身的拍摄风格制定最适合自己的"我的菜单"。

10 挑选值得信赖的存储卡

关键词：　　存储卡　　　恢复软件

　　笔者在挑选存储卡时，主要考虑卡的容量、文件传输速度、安全性以及价格这几个方面。便宜的卡出现问题的可能性也大，例如不能被相机识别、数据损坏后难以恢复等。大品牌的厂商通常会为自己的产品提供数据恢复服务，所以使用这类产品我们会更加放心。

● 一定要选择质量可靠的存储卡

　　现在大部分数码相机（使用的存储卡）都是 SD 卡或 CF 卡。我们在挑选时除了要比较价格之外，还要综合考虑卡的存储容量、文件传输速率以及它的安全稳定性。

　　当前市面上出售的 SD 卡最大存储容量可达 256GB，CF 卡更是达到了惊人的 512GB。（关于存储容量的问题笔者会在下一节为大家做更详细的说明，因此本节不作为重点来讨论。）除了存储容量以外，直接影响照片保存快慢的文件传输速率同样值得留意。通常来讲，传输速率达到 90MB/s～100MB/s 的卡就算是很快的了，尤其在拍摄视频短片以及用 RAW 格式拍摄时这种感觉会更加明显。最后要着重强

■ 选择一款可以放心使用的存储卡

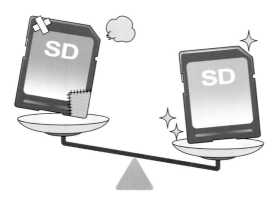

价格便宜的存储卡稳定性难以保证，而且发生故障时恢复数据也比较困难。SanDisk 等大厂的卡价格虽然要贵一些，但品质上相对更有保障，用起来更令人放心。

调一下卡的稳定性问题。比起SD卡笔者更推荐CF卡，因为SD卡的触点是暴露在外的，所以更容易受到静电等外界因素的影响，严重时甚至会出现数据丢失的情况。

但事实上，作为一款技术相当成熟的产品，存储卡的安全稳定性其实是有保障的，就算万一不小心将其格式化，导致数据全部丢失，也还是有办法补救的。例如SanDisk为自己旗下的存储产品配备了一款名为"RescuePRO Deluxe"的恢复软件，能免费使用一年。如果您的存储卡没有自带恢复软件也不必担心，现在市面上有很多由团队或个人开发的恢复软件供大家选择。例如名为"CardRecovery"的软件可应用于市面上的大部分卡。有了这些好帮手，即使不小心将存储卡格式化也不必惊慌，只要拔出卡，按软件画面提示来做，基本都能复原。

■CF卡和SD卡

现在各大相机厂商使用的存储卡主要是CF卡和SD卡两种。SanDisk等品牌的产品凭借其过硬的品质深受摄影爱好者们的青睐。

■数据恢复软件

SanDisk为自己旗下的高端存储产品配备了数据恢复软件，并且在一年之内都可以免费使用。

<table>
<tr><td rowspan="3">要
点</td><td>● SD 卡和 CF 卡是各大相机厂商主要使用的存储卡。</td></tr>
<tr><td>● 购买时要综合考虑卡的价格、容量、文件传输速率以及安全稳定性。</td></tr>
<tr><td>● 在不慎将存储卡格式化时可使用恢复软件进行恢复。</td></tr>
</table>

11 存储卡的容量最好不要超过32GB

关键词：　SD卡　　CF卡

随着存储器技术的不断发展，存储卡的容量也变得越来越大。大容量卡使用起来固然便利，但是如果出现故障，数据丢失量也是惊人的，所以请结合自己的实际拍摄情况来判断究竟需要购买多大容量的存储卡。如果您在拍摄照片的同时还希望录制视频短片的话，那就需要准备大容量的卡了。为了防止卡被外力破坏，最好为它们准备一个存放用的保护盒。

● 大容量存储卡一旦出现故障后果不堪设想

目前市面上出售的CF卡最大容量可达512GB，SD卡也有256GB。容量大的卡用起来虽然方便，但是万一发生故障，我们丢失的数据量也是惊人的。笔者估算了一下自己每天的拍摄情况，发现即使所有照片都用RAW格式拍摄，生成的数据量也不到32GB，所以笔者常用的是一张32GB的卡，然后再准备一张16GB或8GB的卡备用就足够了。不过，如果您在拍摄照片的同时还希望录制视频短片的话，就需要装备更大容量的卡才行。

■ 存储卡的容量

大容量存储卡损坏后损失的数据量也大，请根据拍摄量选择容量合适的存储卡。

当您购买了备用的存储卡之后，请一定记得给它们配一个结实的卡盒。质量再可靠的产品也经受不住外力的猛烈冲击，所以挑选时应优先考虑抗压能力强的产品。生活在多雨地区的朋友还需要考虑卡盒是否具备防水性。另外有的保护盒里面设计成网兜状，可以将卡罩住使其不会掉出来，也值得推荐。

■ 存储卡保护盒

为了避免外力对存储卡造成损坏，笔者选择使用贝壳型的卡盒。另外为了防止卡在打开盒子时从里面掉出来，笔者还特意选择了里面带网兜的款式。

■ 不同容量的存储卡可以保存的照片数量

容量 \ 照片尺寸	500万像素 1.4MB	1000万像素 3.1MB	1800万像素 6.1MB
64GB	约40700张	约19000张	约9600张
32GB	约20300张	约9500张	约4800张
16GB	约10200张	约4800张	约2400张
8GB	约5100张	约2400张	约1200张
4GB	约2500张	约1200张	约600张
2GB	约1300张	约600张	约300张

要点	● 容量大的卡一旦发生故障损失的数据量也会很大。 ● 将 32GB 的作为主卡，另外再准备一张 16GB 的卡备用即可。 ● 为了避免存储卡被损坏，不要忘了给它们配一个结实的保护盒。

除了摄影器材之外，我们还需要准备些什么

　　笔者拍摄风景相对更多，总结出许多关于户外摄影的实用经验，希望借此机会将这些经验与大家共享。

　　当我们在室外拍摄风景作品时，大自然并不总是那么友好的，其残酷程度有时甚至会超出您的想象。为了应对各种复杂的环境，安全地完成拍摄工作，我们除了掌握摄影知识以外，最好再多了解一些有关山川、海洋、气候等方面的自然常识。此外在户外用品的选择上，笔者常用的是"mont·bell"的产品，外衣选择的是具有排汗透气性能的登山服，裤子选择的是对膝盖和臀部进行加厚处理的产品。从笔者的实际体验来看，该品牌对各种自然环境有着极其全面的适应性，可以令消费者心无旁骛地投身摄影创作。

　　另外，在远离城市的原始森林里，即使白天登山也可能会很昏暗，所以最好准备一个头灯以便应急照明。总之，一定要事先考虑到我们在拍摄过程中可能遇到的所有危险，在保证自己安全的大前提下完成一系列的拍摄工作。

左图是笔者在户外拍摄时常穿的"mont·bell"牌外套。该款外套设计有很多放杂物的口袋，十分方便好用。

当您在山上以及林中拍摄时，头灯是非常重要的一个装备。使用普通的手电筒需要占用一只手，使用头灯的话双手能被完全解放出来。

第2章

由专业摄影师为您传授
令人茅塞顿开的摄影技巧

01 探寻令人感动的源泉

关键词：　光圈优先模式　快门优先模式

随着技术的不断发展，数码相机的操作变得越来越简单，将相机调整至全自动模式，然后轻松按下快门，即可得到一幅令人满意的作品。但是不论相机变得多么先进，它都无法像人类那样透过景物的表象，发现隐藏在其内部的令人感动的源泉所在。所以身为一名摄影师，最重要的工作就是用自己的双眼去观察被摄物体，寻找其中使人惊叹的"形""线""色""光"这4个重要因素。当我们发现了这些要素，再配合与其相适应的曝光模式，一幅打动人心的作品就应运而生了。

● 从被摄物体中探寻令人感动的源泉

大家拿到心仪的单反相机之后，由于对相机的各项功能还不是很了解，会暂且用全自动模式开始练习，用了一段时间之后，您发现全自动模式实在是太省事了，且拍出的效果也不错，所以就不打算再尝试其他的拍摄模式了……一定有不少朋友被笔者说中了吧。现在的数码相机功能实在是太强大了，烦琐的调整工作可以全部交给相机来处理，我们只需按下快门即可得到一张满意的作品。其实，全自动模式也存在着局限，就是拍出来的作品往往不够生动。明明是很感人的一个场景，最后呈现在我们面前的却是一张略显平淡的照片。所以笔者在本节将为大家分析如何观察

■ 使用全自动模式拍摄出的作品

上图是用全自动模式拍摄的拍打海岸的浪花。相机将光圈设置为 f/16、快门速度 1/125s，拍出来显得很普通。

■ 带有作者意图的作品

笔者为了捕捉浪花平滑细腻的样子，相机使用 ND 滤光镜（又叫中灰密度镜用以减少射入镜头的光量）和三脚架的同时，还使用了慢速快门进行拍摄。

被摄物体，探寻平凡之中的不平凡。

　　以上一页的作品为例，仔细观察拍向岸边的浪花、海水的颜色以及入射光等元素，我们不难发现大海不仅拥有独特的表情，而且这种表情还存在着无穷的变化。左图是用相机的全自动模式拍摄出来的作品，看上去只是普通的浪花，观众难以体会到那些打动笔者的元素。在右图中，笔者为了表现出波浪被卷到岸边又悄然退去的动态美，在为相机装备ND滤光镜和三脚架的同时，还使用了慢速快门技术进行拍摄。由此可见，要想使作品具有独特的表现力，在观察被摄物体时，要时刻提醒自己在景物之中探寻"形""线""色""光"这4个重要因素。

■ 关于"色"

上图是笔者在旅途中看到的夕阳。其颜色比平时的夕阳要更黄更亮一些，这暖洋洋的黄色感动了笔者。在拍摄时笔者将相机的色温调整为10000K，希望能够更加直观地向大家传递自己当时的心情。

■ 关于"形""线"

右图中，首先引起我们注意的是一颗颗晶莹剔透的水珠，其次是花瓣上不规则的斜线。拍摄时笔者刻意将相机向左偏转一定角度，把观众们的注意力引向画面的左下方，令意识突破照片框架的限制，从而引发观众们的联想。

■ 关于"光"

左图笔者想要拍摄的是那束从斜上方射入潭水之中的奇妙光线。除了瀑布和森林以外，光线本身也可以成为照片的重要组成部分。

要点

- 全自动模式难以表达出摄影者的全部意图。
- 灵活运用光圈优先以及快门优先模式来突出令人感动之所在。
- 着重观察被摄物体的"形""线""色""光"这4个重要因素，使照片更具有表现力。

02 摄影前专业摄影师会特别考虑的6个要素

关键词：　照片风格　　曝光模式　　曝光值

拍摄前仔细观察被摄物体，思考自己想要传达给观众的信息究竟是什么，是使照片变得更好的根本。在明确了想要传达的信息之后，专业摄影师会迅速判断应当使用哪支镜头、选择哪种照片风格、是否要用三脚架和滤光镜等。下面就为大家详细说明影响作品风格的6个要素。

● 影响作品风格的6个要素

在拍摄之前，专业摄影师通常会先仔细思考以下6个问题：①如何观察被摄物体；②使用哪支镜头（广角、标准、长焦）；③选择哪种照片风格（标准、风光）；④选择哪种曝光模式（光圈优先、快门优先）；⑤如何设定曝光值参数（光圈值、快门速度）；⑥是否需要用三脚架和滤光镜。由于被摄物体的状态时刻都在发生变化，所以我们必须根据现场情况设定与之相符的参数组合。

■ 仔细观察被摄物体

要想拍出令人满意的作品，我们首先要仔细观察被摄物体，思考自己想要传达给观众们的信息究竟是什么。明确了这一点之后，再考虑接下来该如何设定相机的各个参数。

■ 镜头的选择

确定自己想要拍摄的主题之后，接下来是选择一款可以将主题表现出来的镜头。例如能够表现画面空间透视感的广角镜头，或是可将远处的物体拉到身边的长焦镜头。

■ 设定照片风格

照片风格	◑❶⌂❷
自动	3,0,0,0
标准	3,0,0,0
人像	2,0,0,0
风光	4,2,2,0
中性	0,0,0,0
可靠设置	0,0,0,0
INFO. 详细设置	SET OK

然后是对照片风格进行设定。笔者因为经常拍摄风光作品所以选择的是风光模式。在风光模式下，即便阴天也能将物体的真实色彩再现出来。

■ 选择曝光模式

在选择曝光模式时应遵循以下原则：如果希望全部被摄物体都能合焦，或是只突出被摄物体而虚化背景，可选择光圈优先模式；想要清晰地将高速运动中的物体捕捉下来，可选择快门优先模式。

■ 曝光值

如何设定曝光值才能满足自己的创作需要呢？在拍摄街上的行人时，为了使人物不模糊，快门速度应不低于1/125秒；拍摄行驶中的汽车或列车时则应不低于1/500秒。另外，需要突出被摄物体而虚化背景时，可将光圈值设定为f/2.8～f/4，需要全体合焦时则设定为f/11～f/16。

■ 三脚架的使用

除了光量不足的清晨、傍晚以及室内之外，当您希望将瀑布平顺柔美的一面表现出来时，同样可以利用三脚架配合ND滤光镜。

> 要点
> ● 影响作品风格的要素有 6 个。
> ● 先仔细观察被摄物体的特征，再选择合适的镜头以及照片风格。
> ● 迅速判断需要哪种曝光模式、如何设定曝光值以及是否用到三脚架。

03 选择AF自动对焦模式

关键词：　AF自动对焦模式　单次伺服自动对焦　连续伺服自动对焦　自动伺服自动对焦

AF自动对焦模式控制的是相机自动对焦的行动方式，该模式又具体分为3种类型，分别是：单次伺服自动对焦、连续伺服自动对焦以及相机根据实际情况自动在前两种模式中切换的自动伺服自动对焦。

● AF自动对焦模式的特点

首先为大家简单介绍一下何为AF自动对焦模式。AF自动对焦模式控制的是相机自动对焦的行动方式，根据被摄物体的动作情况具体可分为3种类型，分别是：适合拍摄静止物体的单次伺服自动对焦、适合拍摄运动物体的连续伺服自动对焦以及相机根据实际情况自动在前两种模式中切换的自动伺服自动对焦。下面，笔者为大家总结各模式所适用的场景。

单次伺服自动对焦模式。这种模式适合拍摄静止不动的物体，例如料理或建筑物等。对焦时每半按一次快门就会完成一次对焦，并且它只对焦一次，之后无论被摄物体是否移动，相机都不会重新对焦，若想重新对焦需松开手指再次半按快门。

连续伺服自动对焦模式。这种模式适用于拍摄移动的物体，例如行驶中的列车或是田径运动员等。在半按快门进行对焦时，如果被摄物体与相机的距离发生变化，相机会重新并且连续地对被摄物体进行对焦，摄影师可根据需要随时按下快门拍摄。

■ 佳能　　　　　　　　　　　　　■ 尼康

AF自动对焦模式的设置方法非常简单，进入选择画面后选择自己需要的模式即可。

自动伺服自动对焦模式。简单来讲就是相机根据现场情况自动在单次伺服自动对焦和连续伺服自动对焦中做出选择，这种模式适合在被摄物体状态不定的情况下使用。

另外，各厂家对AF自动对焦模式的命名也各不相同。例如在佳能相机中，"ONE SHOT"为单次伺服自动对焦，"AI FOCUS"为自动伺服自动对焦，"AI SERVO"为连续伺服自动对焦。而在尼康相机的菜单里，"AF-S"为单次伺服自动对焦，"AF-A"为自动伺服自动对焦，"AF-C"为连续伺服自动对焦。

■ 连续伺服自动对焦

连续伺服自动对焦模式通常适用于拍摄体育比赛，以及列车、自行车等可以预测移动范围的运动物体。另外，该模式配合相机的连拍功能一起使用，可极大提高相机捕捉人物瞬间表情的能力。

■ 单次伺服自动对焦

单次伺服自动对焦模式适合拍摄料理、建筑物等静止的物体。拍摄时被摄物体即便发生轻微的移动也没关系，只要达到安全快门速度就不会影响最终的成像效果。

■ 自动伺服自动对焦

自动伺服自动对焦模式适合拍摄运动会上时而挥汗如雨、健步如飞，时而全神贯注期待佳音的运动员，或是状态难以把握的小朋友。拍摄时相机会根据现场情况自动在单次伺服自动对焦和连续伺服自动对焦中做出选择。

要点	● 单次伺服自动对焦模式适合拍摄静止物体。 ● 连续伺服自动对焦模式适合拍摄运动物体。 ● 不确定下一张照片主角的状态时，使用自动伺服自动对焦模式拍摄。

04 掌握三种AF区域模式的使用技巧

关键词：　AF区域模式　单次自动对焦　规则运动模式　不规则运动模式

AF区域模式控制的是在自动对焦模式下相机如何对被摄物体进行对焦，以及能够在多大的范围内进行对焦。具体可分为适合拍摄风光或静止物体的单次自动对焦、适合拍摄运动物体的人工智能自动对焦以及人工智能伺服自动对焦。需要注意的是，当选择人工智能伺服自动对焦拍摄时，处于焦点上的对象可能并不是您希望拍摄的物体。

● 三种AF区域模式各自的特点

相机在对焦时合焦的位置被称为对焦点，本节提及的3种AF区域模式的区别，其实就是如何让相机选择对焦点的问题。根据厂家的不同，各机型所使用的AF区域模式的种类及结构略有不同。下面为大家简单介绍一下它们各自的特点。

首先是单次自动对焦。单次自动对焦通常与单次伺服自动对焦模式一起搭配使用，对焦时，相机会对选定的单一对焦点上的物体进行对焦。此模式适合拍摄花、风光、美食等静止的对象。

其次是适合拍摄运动物体的人工智能自动对焦和人工智能伺服自动对焦。人工智能自动对焦是由相机根据被摄物体的形状及色彩等自动判断对焦点。而人工智能

■ 佳能

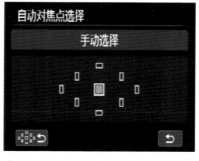

■ 尼康

设定AF区域模式时，可通过相机的液晶屏来确认当前的合焦范围。使用实时取景拍摄功能进行拍摄时，对焦点会显示在相机的液晶屏上。

伺服自动对焦则可看作限定范围的人工智能自动对焦。画面被分成几个部分，相机在摄影者选定的区域内自动判断对焦点。另外需要注意的是，各厂家为了寻求差异化发展，其使用的对焦点的计算方法是不同的。例如有的厂家的相机对距离相机最近的物体进行优先对焦，有的厂家则是优先对人物进行对焦。所以有时合焦的对象可能并不是您希望拍摄的物体。

■ 单次自动对焦

拍摄风光、美食等静态对象，希望焦点位置能够更为精准时可使用单次自动对焦。另外，该模式也适用于拍摄朝向镜头驶来的列车以及运动会百米赛跑等做直线运动的被摄对象。（佳能：单点 AF/尼康：单点 AF。）

■ 人工智能自动对焦

拍摄不规则运动的物体，并且无法对其接下来的动作进行预测时，可尝试使用人工智能自动对焦，相机会在所有对焦点覆盖范围之内自动对被摄物体进行对焦。（佳能：19点 AF/尼康：动态区域 AF。）

■ 人工智能伺服自动对焦

拍摄不规则运动的物体，但是能在一定程度上对其接下来的动作进行预测时，可使用人工智能伺服自动对焦。拍摄者事先确定某一希望合焦的区域，相机只会在此区域内进行对焦。（佳能：区域 AF/尼康：3D 跟踪 AF。）

要点	● AF 区域模式可以控制相机合焦的方法以及范围。
	● 单次自动对焦适合拍摄静止物体。
	● 人工智能自动对焦和人工智能伺服自动对焦适合拍摄运动物体。

05 AF自动对焦模式和AF 区域模式的最佳组合方式

关键词： AF自动对焦模式   AF区域模式

在分析完AF自动对焦模式和AF区域模式各自的特点之后，接下来我们要讨论的是如何对这两种模式进行组合。根据笔者的实际经验，单次伺服自动对焦与单次自动对焦的组合适合拍摄静止的物体；连续伺服自动对焦与单次自动对焦或者人工智能伺服自动对焦的组合适合拍摄能够预测运动轨迹的动态物体；自动伺服自动对焦和人工智能自动对焦的组合适合拍摄不规则运动的物体。

● 根据被摄物体的状态判断所需的组合方式

AF自动对焦模式和AF区域模式的组合方式很容易把人搞迷糊，但是只要牢记以下两点，您的思路就会变得清晰起来。首先，观察被摄物体处于哪种状态，是静止还是持续运动。其次，如果处于运动状态，其运动轨迹是否能够预测。结合上述两点，我们就容易判断究竟应该使用哪种组合方式了。

■ 利用单次伺服自动对焦与单次自动对焦的组合拍摄云朵

在拍摄风光、美食、建筑物等静止的对象时，使用单次伺服自动对焦与单次自动对焦这对组合的话，一般不会出现焦点选择错误的情况。上图便是使用单次伺服自动对焦与单次自动对焦组合拍摄的缓慢移动的云朵。

■利用连续伺服自动对焦与人工智能伺服自动对焦的组合拍摄单轨电车

因为单轨电车是在固定的轨道上行驶的，所以其行进轨迹很容易预测。遇到类似这样的场景时，为了准确对焦，我们可以选择连续伺服自动对焦与人工智能伺服自动对焦这对组合。

■利用自动伺服自动对焦与人工智能自动对焦的组合拍摄儿童

上图拍摄的是和同伴们正玩得兴起的小朋友。孩子们玩得不亦乐乎，却给一旁想要为他们留影的家长们出了个难题——怎样才能清晰对焦拍摄这些蹦蹦跳跳的孩子呢？遇到这类状态不确定的被摄对象时，我们不妨尝试使用自动伺服自动对焦与人工智能自动对焦这对组合来对焦。

> **要点**
> ● 拍摄静止物体时，使用单次伺服自动对焦与单次自动对焦的组合。
> ● 拍摄运动轨迹可以被预测的物体时，使用连续伺服自动对焦与人工智能伺服自动对焦的组合。
> ● 拍摄运动状态难以预测的物体时，使用自动伺服自动对焦与人工智能自动对焦的组合。

06 将对焦模式切换至MF挡，感受富有乐趣的手动对焦

关键词：　　AF　　MF

　　　　在某些场景下，自动对焦模式可能无法正常工作，此时我们可把对焦键拨至 MF 挡，手动调节对焦环亲自完成对焦工作。另外，对自动对焦区域外的物体对焦时，也可尝试手动对焦。手动对焦时，有时可能会感觉焦点不准，我们可先对同等距离的其他景物进行自动对焦，然后按下对焦锁定键锁定焦点，将镜头对准想要拍摄的物体，最后再切换到手动对焦对焦点进行微调。

● 灵活切换 AF 与 MF 对焦模式

　　MF（manual focus）手动对焦是通过手动旋转镜头上的对焦环来完成对焦的。在某些情况下，相机的 AF（auto focus）自动对焦可能无法正常工作，比如面对过于昏暗的场景、类似天空的单色平面、强逆光、容易产生反射的镜面物体，以及隔着网子、笼子拍摄动物等场合，机身的自动对焦系统可能会失灵。在遇到上述情况时，手动对焦往往效果会更好。

　　此外，笔者在拍摄风光时，也经常会用到手动对焦模式。例如对自动对焦区域外的物体进行对焦时，先把相机架在三脚架上，然后开启实时取景拍摄功能，利用液

■ 手动对焦的操作方法

拨动对焦开关至 MF 位置。

对焦时，一边转动镜头上的对焦环，一边在取景器中确认被摄物体是否清晰。

晶屏将画面放大，最后通过手动转动对焦环进行精密合焦。

还有一些场合如果不使用三脚架的话手动对焦会稍显困难，这时我们可以灵活地切换手动、自动两种对焦模式。例如先用自动对焦模式对被摄物体进行对焦，在完成构图之后将对焦开关切换至MF位置，最后再转动对焦环直至被摄物体完全清晰。当您熟练掌握手动对焦的窍门之后，您会发现创作的自由度一下子变大了许多，而且使用自动对焦时遇到的种种限制也不再是问题了。

■ 灵活运用手动、自动两种对焦模式

将对焦开关设置在AF位置。

半按快门，构图并对焦。

将对焦开关切换至MF位置。

转动对焦环直至被摄物体完全清晰。

要点	● 当自动对焦无法正常工作时，将对焦方式切换至手动。
	● 手动对焦可对自动对焦区域外的物体进行对焦。
	● 当感觉手动对焦困难时，可先用自动对焦模式对被摄物体进行对焦，在完成构图之后将对焦开关切换至MF位置，手动转动对焦环直至被摄物体完全清晰。

拍摄篇

07 理解光的特征，追求极致表现

关键词：　正面光　45°侧光　90°侧光　正午光　逆光　透射光

本节要为大家讲解的是不同种类光的特性，以及如何利用这些特性进行拍摄。例如，希望表现出被摄物体特有的质感，使其带有一定的立体效果时，可以使用45°侧光或者90°侧光进行拍摄。希望完美地表现出被摄物体的色彩时，可使用正面光或者45°侧光。将物体的轮廓或者光线本身作为拍摄对象，希望拍出带有某种艺术效果的表情时，则可以尝试逆光拍摄。此外还有可以令被摄物体的色彩和影调具有丰富表现力的透射光等。笔者认为，光是构成照片的重要因素，只有在理解光的特性之后才能领悟到摄影的真谛所在。

● 照片的本质——光

光是照片的本质，在熟练掌握各种光（正面光、45°侧光，90°侧光，正午光、逆光、透射光等）的特性之后，作品的品质也会随之提高。下面，笔者将为大家说明在以太阳光为主光源时，光的不同种类及其特性。

■ 正面光

太阳位于拍摄者的背后，从其身后照射过来的光被称为正面光。在拍摄风光时，正面光可以将天空的蔚蓝以及大地的苍茫完美地呈现出来。但在正面光照射下被摄物体难以产生阴影，容易产生缺乏立体感的平面二维效果。

■ 45°侧光

45°侧光通常是指上午10点到11点以及下午1点到3点，从斜上方照射过来的太阳光。45°侧光营造出的光影平衡效果可巧妙地将被摄物体的质感和色彩表现出来。另外在拍摄人物时，如果介意有阴影的话可以使用反光板进行补光。

■ 90° 侧光

　　90°侧光是指从被摄物体侧面照射过来的阳光，往往具有令被摄物体看上去更加立体的特性。在户外拍摄时，朝阳和落日都可当作90°侧光来使用，由此产生的阴影能够为画面增添不少新奇的效果，所以拍摄出的作品通常都带有一定的戏剧性色彩。

■ 正午光

　　正午光是指中午12点前后，太阳在最高点时照射下来的阳光。这种光照条件，虽然可以使画面全体都变得十分明亮，但会使被摄物体的正下方产生阴影，难以使画面出现纵深感。此外，在拍摄人物作品时，正午光会让模特的鼻子和下巴下面产生不自然的阴影。

■ 逆光

　　当太阳面对镜头，光线从被摄物体后面照射过来时，可获得极具艺术感的逆光。逆光不仅能够创造出丰富多变的画面效果，而且这种光线本身也可当作拍摄对象来进行某些艺术创作。

■ 透射光

　　透射光是指光透过树叶之类的半透明物体之后形成的一种光线状态。透射光可以为被摄物体的色彩和影调带来无穷的表现力。另外，减少曝光补偿的话还可以使阴影变得更加硬朗，从而得到质感和立体感都十分强烈的作品。

| 要点 | ● 光可分为正面光、45°侧光、90°侧光、正午光、逆光、透射光等。
● 熟练掌握光的特性可帮助提高作品的质量。 |

08 使景物更具戏剧性色彩的逆光摄影

关键词：　逆光　　曝光补偿

在逆光条件下拍摄，被摄物体往往容易被抽象化，使作品产生强烈的视觉冲击效果。在逆光条件下，相机的测光系统容易受到干扰，所以拍摄时最重要的就是学会灵活运用曝光补偿。降低曝光可以得到剪影效果，增加曝光则可以得到清新明快的视觉效果。另外，当画面上出现光斑或眩光时，可为镜头安装遮光罩或利用遮光板来减少这些现象的发生。

● 激发无限想象的逆光摄影

在顺光条件下拍摄时，画面往往显得较为平面，难以表现出层次感。在逆光下拍摄时，如果时机掌握得好可将拍摄物体抽象化，从而获得令人惊艳的光影效果，唤起观众的无穷想象。逆光不仅指阳光，不论是从树叶间隙透射进来的阳光还是夜晚路边的街灯，只要光源面向镜头，从被摄物体后面照射过来都可看作是逆光。

下图是笔者清晨在东京湾拍摄的。照片中出现的船和灯塔虽然并不是什么新鲜景物，但笔者利用逆光效果将它们变成美丽的剪影，巧妙地淡化了"这里是灯塔，那边是船"的说明性印象，让形式美浮现出来。拍摄时为了得到这种剪影效果，需要降低画面的曝光量。

设定值

曝光模式　快门优先
光圈　f/11
快门速度　1/500s
曝光补偿　−0.7
ISO　400
WB　日光
焦距　70mm

上图是笔者在清晨捕鱼的船上捕捉到的场景，拍摄时需要时刻通过取景器确认画面中有无光晕或光斑出现。虽然是十分平常的景物，但是在逆光的作用下变成了一幅美丽的剪影，看上去是不是仿佛电影中的某个场景呢？

由专业摄影师为您传授令人茅塞顿开的摄影技巧

2

拍摄篇

本页最下方的图是笔者利用从树叶间隙透过来的光线拍摄的作品。在这种光照条件下，如果不调节曝光补偿的话很难拍出葱葱绿树的效果，所以笔者在拍摄时刻意增加了两挡曝光，使画面产生白日梦般的绚丽效果。拍摄逆光作品最重要的是要学会灵活运用曝光补偿，在熟练掌握这项技巧之前，可以不断尝试改变曝光补偿直到拍出令自己满意的作品。另外需要注意的是，高光溢出和暗部缺失会导致照片失去层次感，所以在拍摄时要时刻留意直方图的变化。有意识地控制照片的曝光补偿并掌握剪影拍摄技巧，您的创作空间也会随之变得广阔起来。

设定值

曝光模式	快门优先
光圈	f/14
快门速度	1/160s
曝光补偿	+0.7
ISO	200
WB	日光
焦距	17mm

椰树的形态悠然自得，后面的蓝天也十分美丽。因为树叶的形状给人的印象最深，笔者在构图时特意用树叶把太阳遮住，同时加入了透射光的要素。在逆光拍摄时，相机的位置十分重要。

设定值

曝光模式	快门优先	光圈	f/11
快门速度	1/15s	曝光补偿	+0.2
ISO	400	WB	4150K	焦距	17mm

左图表现的是森林中树叶间透射过来的光线。阳光照进郁郁葱葱的森林，令观众们仿佛置身于梦幻般的世界。光线直射入镜头，因此增加了曝光。

拍摄篇

要点

● 被摄物体处于光源和相机镜头之间的光照条件称为逆光。
● 在逆光状态下拍摄，往往能够得到具有戏剧性的作品。
● 降低曝光可以得到剪影效果，增加曝光则可以得到清新明快的效果。

09 能够还原景物真实色彩的正面光摄影

关键词：　正面光　　风光模式　　偏振滤光镜（PL）

　　正面光是指光源位于拍摄者身后，也就是从您的后方照向被摄物体的光。其最大特点是可以使景物均匀受光，所以对景物的色彩还原十分真实。另一方面，由于阴影都被投射到不可见的背面，照片会缺乏应有的空间感和立体感，所以多被用于表现被摄物体色彩及形状的场景。此外，将照片风格设定为风光模式，并配合使用偏振滤光镜的话，会使照片的色彩看上去更加艳丽。

● 可以真实还原被摄物体色彩的正面光

　　正面光是指光源位于拍摄者的身后，也就是从您的后方照向被摄物体的光。当您希望真实再现被摄物体的色彩和形状时，正面光是再合适不过的了。需要注意的是，由于阴影被投射到了不可见的背面，因此拍摄出的画面容易出现主次难分，景物缺乏立体感和空间层次感的问题。不过拍摄地点在江河湖海附近的话，就不必过分拘泥是否存在立体感的问题，把创作的注意力放在景物的色彩和形状上便可以了。在正面光的照射下，水面本身那令人惊艳的清澈透明感更能够吸引观众们的注意力。

设定值

曝光模式	快门优先
光圈	f/16
快门速度	1/160s
曝光补偿	+0.3
ISO	200
WB	日光
焦距	24mm

正面光条件不仅使海水的色彩变得更为鲜艳，同时也将海水的清澈透明感呈现了出来。在正面光下拍摄，请注意不要把自己的影子拍摄进去。

使用长焦镜头拍摄时，主体缺乏阴影有时未必是件坏事。例如下图中的教堂，虽然从三维立体状态被拍成了二维平面效果，但是也将我们的注意力从结构转移到色彩和形状上面。在使用镜头的广角端拍摄时，有时一不留神就会把自己的影子也拍进去。为了解决这个问题，可以试着将相机的位置抬高一些，或者拍摄位置向后移动一点，使焦距变得更长。

如果您比较注重照片的色彩表现，还可将照片风格设定为风光模式，同时配合偏振滤光镜一起使用，便可拍摄出色彩效果更为强烈的作品了。

设定值

曝光模式	快门优先
光圈	f/11
快门速度	1/800s
曝光补偿	+0.3
ISO	400
WB	日光
焦距	155mm

因为教堂的位置距离拍摄地点比较远，所以笔者决定使用镜头的长焦端进行拍摄，并且尽可能将周围多余的景物移出画面。教堂屋顶的淡蓝色是只在正面光条件下才有的色彩表现，而且屋顶的形状也以最基本的形式被表现出来。

■ 失败的作品

笔者只顾着观察被摄物体而疏于留意周围的情况，一不留神将自己的影子也拍了进去，这是使用广角镜头拍摄时经常会遇到的问题。在按下快门之前，取景器内的边边角角都要进行仔细检查。

要点	● 光源位于身后，从拍摄者的后方照向被摄物体的光称为正面光。 ● 利用正面光能够拍出色彩鲜艳的作品。 ● 风光模式 + 偏振滤光镜，可使照片的色彩变得更加艳丽。

10 降低曝光值，令黑色更加纯正

关键词：　| 阴影部分 | | 降低曝光 |

　　增加照片阴影部分的比例可以提高作品亮部与暗部的对比度，增加画面的立体感与纵深感。在以黑色为主色调的场景拍摄时，降低曝光值可使黑色更加纯正，照片看上去也更有质感。拍摄时现场的光照条件以及阴影部分等因素同样也会影响作品质量的好坏。

● 在画面中加入阴影，提高作品的对比度

　　拍摄现场的光照条件会随着时间的变化而改变，所以被摄物体影子的形态也在时刻发生着变化，照片的视觉效果会随着时间的流逝而不同。由于人眼一直活动于明暗交替的环境之中，所以照片明暗分明的话，会更容易使人感受到画面的立体感以及纵深感。因此，在拍摄时不仅要仔细观察被摄物体，同时还要时刻注意光与影的变化。

　　下方的图例是笔者拍摄的一簇盛开的紫阳花。紫阳花虽然不是什么名贵的花，但是在类似聚光灯效果的光照条件下，画面周围充满了阴影，花儿显得十分夺目。

设定值

曝光模式	快门优先
光圈	f/4
快门速度	1/400s
曝光补偿	−1
ISO	400
WB	日光
焦距	105mm

在类似聚光灯效果的光照条件下，花朵的周围充满了阴影，让花儿显得十分夺目。

在阴影较多的场景拍摄时，降低曝光值可使阴影部分的黑色变得更加纯正，照片看上去更有质感。不过需要注意的是，如果曝光值降低过度会使亮部也变得暗淡，照片整体显得昏暗消沉，因此在拍摄时，请时刻留意外部光照条件的变化，根据光照条件来调整曝光补偿，将阴影效果完美地融合进作品，使作品的品质上升到新的高度。

■ 阴影锐利的图例

左图是笔者拍摄的一潭清澈透明的池水。在简易遮光罩的帮助下，笔者成功地将水中的景色和池边的树木同时拍摄了下来。为了拍摄这幅作品，笔者特意等到太阳从高处落下来的时段，并且时刻留意着光与影的变化。

■ 阴影散漫的图例

右图是在与上图不同的光照条件下拍摄的。虽然池水依旧清澈见底，但是因为光照的角度不同，光与影的平衡被打破，作品失去了原本的表现力。

要点	● 改变阴影部分的比例，使画面产生立体感。
	● 降低曝光值可起到突出阴影部分的作用。
	● 如果曝光值降低过度的话会使照片整体显得昏暗阴沉。

高光溢出和暗部缺失

关键词：　|　高光溢出　|　暗部缺失　|　直方图　|

高光溢出是指照片上亮的部分变成了纯白一片，反之暗部缺失是指暗的部分变成了纯黑的一片。不管哪种情况都是数据丢失的表现，即便进行后期处理也无法将失去的细节恢复。拍摄后可通过显示图像亮度以及色彩分布情况的直方图确认是否发生了上述两种现象。

● 如何防止高光溢出或暗部缺失的发生

高光溢出是指因曝光过度照片上亮的部分变成一片白色，导致该部分景物数据丢失的现象。暗部缺失则是指因曝光不足照片上暗的部分变成一片黑色，导致阴影

■ 高光溢出

如左图所示，湖面以及山脉等阴影部分的细节虽然成功保留了下来，但雪山顶部区域却因为高光溢出导致这部分数据丢失，即便使用RAW格式进行拍摄也无法通过后期处理将丢失的细节恢复。

■ 暗部缺失

在拍摄明暗对比强烈的景物时，很难将亮部和暗部的细节同时再现出来。左图虽然控制住了雪山顶部的高光溢出，但由于阴影部分的曝光不足，画面出现了暗部缺失现象。

部分细节丢失的情况。过度明亮的云朵、人物面部过深的阴影等都是细节丢失的表现，且这部分细节即便经过后期处理也很难得到恢复。

回放照片时按下相机上的"信息"键，液晶屏上会显示表示图像亮度以及色彩分布的直方图。通过观察直方图，我们可了解各个亮度等级上的像素分布情况，从而判断图像的曝光倾向。有的相机带有"高光警告"功能，开启这一功能后，回放图像时曝光过度的高光区域将会闪烁。另外，高光溢出或暗部缺失现象有时也会被当作一种特殊的表现形式保留下来，不能一概而论地否定这种现象。

■ 高光溢出时的直方图

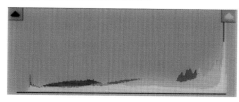

■ 暗部缺失时的直方图

■ 曝光正确的直方图

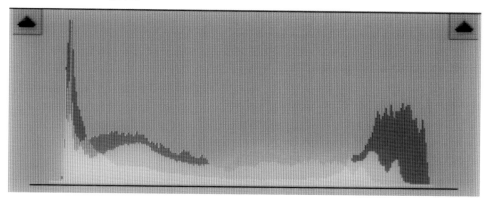

直方图是表示图像亮度以及色彩分布情况的一种统计学显示。图的左端表示的是暗部信息的临界点，右侧则是亮部信息的临界点，当曲线接触到左右两端，表示图像出现了高光溢出或者暗部缺失的现象。根据照片风格的不同，曲线分布图有时呈山形，有时呈M形。

要点	● 高光溢出是指画面亮的部分因曝光过度变成一片白色的现象。 ● 暗部缺失是指曝光不足导致阴影部分细节丢失的现象。 ● 后期处理无法将丢失掉的细节恢复。

12 正确理解曝光补偿

关键词：　曝光补偿　增加曝光　降低曝光

在明亮物体或黑色物体为主的场景拍摄时，单纯按照相机的测光数据曝光会使照片的色调出现明显的偏差，为了使画面尽可能接近人眼实际看到的颜色，需要对曝光进行调节。具体操作为：拍摄亮部区域多的景物时需要增加曝光值，拍摄暗部区域较多的景物则降低曝光值。

● 曝光补偿的作用

拍摄明亮的物体时，如果单纯按照相机测光系统计算出来的参数拍摄，画面会显得灰蒙蒙的，同样在拍摄暗的物体时，画面会显得过于明亮。出现这种情况的原

■ 明亮场景自动测光时的照片效果

左图是笔者使用相机的自动曝光模式拍摄的画面。光线经雪地反射后变得非常强烈，相机以为现场环境足够明亮所以降低了曝光量，导致画面曝光不足，画面变得十分灰暗。

■ 进行曝光补偿后的照片效果

提高曝光值后，雪山的颜色恢复正常。曝光补偿是弥补相机测光系统与人眼对亮度理解差异的一项重要技术。

因是因为相机测光系统对亮度的理解与人眼的认识之间存在差异。人眼在看到白色物体时会自动将其识别为"白色"，而相机则是将其归纳为"明亮"，然后用中间色调的灰色将它表现出来。人眼在看到黑色物体时会将其识别为"黑色"，相机则是将其归纳为"暗部"，然后用中间色调的灰色将它表现出来。这时，我们就需要用到曝光补偿这项功能了。

增加曝光可使被摄物体变亮，降低曝光可使被摄物体变暗。让我们回到开头的那一段，在拍摄明亮的景物时作品会显暗，这时需要增加曝光来使白色主体恢复正确表现。同理，在拍摄暗的景物时作品会显亮，此时需要降低曝光来使黑色主体恢复正确表现。简单来讲就是"白加黑减、亮加暗减"。

■ 黑暗场景自动测光时的照片效果

左图是使用自动曝光模式拍摄的旧打字机。拍摄时由于室内光线昏暗，再加上打字机本身颜色较深，相机误认为环境光线不足所以增加了曝光量，导致画面曝光过度。

■ 曝光补偿后的照片效果

减少曝光后，打字机恢复了本来的颜色。

要点	● 使用相机的自动曝光模式会将原本白色或黑色的物体拍摄成灰色。 ● 增加曝光可使白色主体得到正确表现。 ● 降低曝光可使黑色的主体得到正确表现。

拍摄篇

13 在昏暗的场所拍摄时请提高相机的感光度

关键词：　ISO 感光度　　快门速度

> 使用光圈优先模式拍摄，在不改变光圈值的情况下，提高 ISO 感光度（ISO 800 以上）可有效提高相机的快门速度，防止照片被拍模糊。使用快门优先模式拍摄，在不改变快门速度的情况下，提高 ISO 感光度能帮助我们缩小数挡光圈，使全部景物都能合焦。

● 高 ISO 感光度的奇妙之处

　　根据众多摄影爱好者们的实际经验，为避免抖动，快门不应慢于 1/ 镜头焦距。例如当手持焦距为 200mm 的镜头拍摄时，快门速度应不低于 1/200 秒，手持 50mm 的镜头拍摄时快门速度应不低于 1/50 秒。

■ ISO 100

■ ISO 400

上图是笔者在某个教堂内拍摄的画面。拍摄参数为：光圈值 f/8，快门速度 1/5 秒，ISO 100。由于快门速度不够快，画面发生了抖动。

上图是将感光度提高至 ISO 400 后得到的画面。此时的拍摄参数为：光圈值 f/8，快门速度 1/30 秒，ISO 400。由此可见，提高感光度可大大提升画面的稳定性。

2
由专业摄影师为您传授令人茅塞顿开的摄影技巧

拍摄篇

笔者在街拍时经常会用到的是光圈优先模式，并且习惯将感光度设定为ISO 100～400，光圈设定在f/5.6～f/8。这样设定既能够保证相机的快门速度足够快，又可避免画面因感光度过高而出现多余的噪点。但有时笔者会在一些光线较暗，同时又禁止使用闪光灯和三脚架的场所进行拍摄，此时为了获得足够的曝光，相机将不得不降低快门速度，手持拍摄很容易使照片模糊。

遇到类似情况时，提高感光度可获得可以手持拍摄的快门速度，而且无须更改光圈的大小。当前主流单反相机在高感光度下均有相当不错的画质，这使曾经很难实现的低光量拍摄成为了可能。但根据笔者的实际体验来看，当感光度达到ISO 3200时，画面中的噪点程度便超出了笔者可以接受的范围，所以建议大家在设定感光度时最好以ISO 1600为上限。

此外，以快门速度优先模式拍摄时，快门速度快，在暗处不加大光圈照片还是会模糊。如果想保持既有的快门速度，又不加大光圈，可以用提高ISO感光度的办法拍摄。

■ 高感光度下的噪点

左图是使用ISO 6400拍摄的夜景。从书上可能看不出什么问题，但是如果用电脑将其放大显示的话，暗部的噪点其实相当严重。但是出现噪点并不总代表失败，有时也会被视为一种独特的照片风格。

■ 高感光度的应用

右图拍摄的是驶向相机方向的自行车运动员。虽然拍摄地点是在光线足够强烈的室外，但为了尽可能提高快门速度，笔者将感光度设定为ISO 1000，清晰地将快速驶来的自行车运动员的影像捕捉下来。另外，为了使背景也能清楚地显示出来，光圈值被设置为f/10。

要点	● 高感光度可确保快门速度足够快。
	● 您对画面噪点的接受情况决定着您可设定的最大 ISO 值。
	● 避免抖动影响的最慢快门为 1/ 镜头焦距。

14 利用低感光度在白天拍摄长曝光作品

关键词： 　长曝光拍摄　　ISO感光度　　ND密度镜

当您在白天进行长曝光摄影时，照片会出现曝光过度的现象。为了实现这种拍摄手法，我们可以利用ND密度镜或是降低相机感光度来减少射入相机的光量，从而将快门速度降低至0.5秒～1秒，达到延长曝光时间的目的。另外在拍摄时，请务必配合三脚架一起使用。在使用广角镜头拍摄时，减光挡位大的ND密度镜可能会使图像四角产生"晕影"现象。

● 活用超低感光度以及ND密度镜

在拍摄河流、瀑布或者云朵时，长时间曝光技术可以帮助我们轻松地将它们平顺、柔滑的一面展现出来。ISO感光度设置得越高快门速度就越快，将ISO感光度降至50~100则可使快门速度慢下来。同样，将光圈缩小至f/16也可减低快门速度，所以在设置相机参数时请将光圈与ISO感光度配合起来设置。当我们希望光圈全开拍摄，或是在光照特别强烈的场所拍摄时，即便遵循上述方法有时也难以令快门速度降到足够慢。这时我们可在镜头前安装ND密度镜，利用ND密度镜减少射入相

设定值

曝光模式	快门优先
光圈	f/16
快门速度	1/2s
曝光补偿	±0
ISO	50
WB	日光
焦距	116mm

上图是使用减光挡位较小的ND密度镜（ND4：减光2挡，即光量为原来的1/4）拍摄的瀑布。因为瀑布下落的速度非常快，所以只用了0.5秒的曝光时间就将瀑布虚化成了一条玉带。

机的光量，从而起到控制照片曝光时间的作用。另外，在使用广角镜头拍摄时，减光挡位大的ND密度镜会令图像四角出现"晕影"现象，拍摄时需要格外留意。

　　时间大于1秒钟的曝光都可被称为长时间曝光。由于瀑布与河流的流速各不相同，所以拍出各自特效所需的曝光时间也是不同的。在拍摄时三脚架是必不可少的。在松软的地面或是道路附近拍摄时，还要留意振动对画面的影响。另外，对比广角、标准以及长焦三种类型的镜头，在相同的快门速度下，长焦镜头会使人感觉流速更快。

■ ISO 320

左图是将感光度设定为ISO320，并且在没有安装滤光镜的状态下拍摄的图像。虽然也是一幅很不错的作品，但是瀑布和池塘看上去没有什么特点，缺乏一些令人眼前一亮的要素。

■ ISO 100+ND 密度镜

上图是将感光度降低至ISO 100，同时缩小光圈后拍摄的作品。笔者为了表现瀑布与河水平滑柔顺的一面，将两枚ND密度镜叠加在一起使用，顺利地将曝光时间延长至60秒。通常河流或海洋在经过30秒～60秒的长曝光后便可呈现出镜面般的效果。

要点	● 时间大于1秒钟的曝光都可被称为长时间曝光。 ● 降低感光度可以延长曝光时间。 ● 灵活运用 ND 密度镜。

15 关于被摄物体的色彩构成

关键词： 　色彩平衡　　质感

　　周围司空见惯的景色往往使人提不起兴趣拍摄。在这种情况下，您不妨自己设定一些新的规则，例如当您选定好被摄物体之后，规定画面中出现的颜色只能为奇数种这样的色彩搭配法则，也许就会出现令您意想不到的效果。

● 自定义画面中颜色的数量

　　除了某些行业的工作人员（如测绘工作者）以外，一般没有人会去拍摄类似街心公园之类的普通街景吧。这类场所大多缺乏特点，拍得再好也没什么好向朋友炫耀的。在这种情况下，您不妨放弃那些已有的观念，自己设定一些新的规则，例如当您选定好被摄物体之后，规定画面中出现的颜色只能为奇数种这样的色彩搭配法则。那些曾经毫不起眼的景物也许就会焕发出令人意想不到的光彩。

设定值

曝光模式	快门优先
光圈	f/11
快门速度	1/400s
曝光补偿	+0.3
ISO	400
WB	日光
焦距	200mm

上图是笔者在某港口附近发现的令人眼前一亮的色彩组合。笔者用长焦镜头将画面的一部分剪切下来，使画面变得更抽象，最终得到了这幅能够唤起观众无限遐想的作品。

上一页的图例是笔者在旅途中拍摄的一景。既不是什么名胜古迹，也不是什么风光秀美的旅游景点，只是个再普通不过的港口而已。笔者决定不被常规所束缚，将周围大厦映在水面上的倒影作为拍摄对象来进行创作，终于拍出了这张十分有趣的作品。当您感到无趣的时候，也就不会再花心思去观察，灵感的大门也就随之关闭了，这难道不是一件十分可惜的事情吗？另外，笔者还发现通过对画面中颜色数量的控制，例如将颜色数量控制为奇数种，可令画面看上去更富有平衡感。

■ 有意识地控制色彩的构成

左图是笔者在街心花园拍摄的花丛。构图时选择从花的颜色入手，有意识地控制画面中各种颜色的平衡。为此，在构图时需要将周围多余的景物从画面中移除出去。

■ 失败的例子

拍摄左图时因为没有考虑花丛的颜色搭配，所以画面看上去显得有些散乱。为了获得将平凡景色变得与众不同的能力，请务必养成在拍摄前仔细观察周围环境的习惯。

要点	● 即便是寻常的风光，如果为其制定新的色彩搭配法则也会使其变得与众不同。 ● 将画面中颜色的数量控制为奇数，可令画面看上去更富有平衡感。 ● 培养自己在拍摄前仔细观察周围环境的习惯。

16 "点""线""面"三要素

关键词：　被摄物体的解读方法　　镜头

前方的美景虽然十分迷人，但是自己拍出来的画面总觉得不够美。当您遇到这种情况时，不妨改变一下自己的思路，先去寻找隐藏在被摄物体之中的"点""线""面"这三个重要元素，思考"被摄对象之中哪些可被视为线元素？""画面中是否包含类似大海或天空那样的面元素？""哪些场景适合以点元素的景物作为拍摄主体？"等一连串问题，有意识地观察被摄物体，从而发掘出可以使作品变得更加新奇的重要特征。

● "点""线""面"三要素

当您顺利度过新手期，能够熟练掌握相机的各项功能之后，大家对摄影的热情可能也在逐渐衰退。有时您会发现，虽然自己已经掌握了相机的各种操作方法，但却无法将眼前的美景完美再现出来。在上一节里，笔者向大家说明了如何搭配画面中的色彩，而本节将为大家介绍解读被摄物体中"点""线""面"的技巧。这方法其实很简单，就是请大家不要再从字面意思去理解被摄物体。比如当您看到富士山时，不要在脑海中回想"富士山"这三个字给您留下的直观印象，而把它看作"三角形的线""空中的一个平面""一个巨大的点"。如本页下面的图例所示，我们不再把它看作一个有教堂的平静港口，而尝试把海岸线视为"线"元素，将水面、天

设定值

曝光模式	快门优先
光圈	f/20
快门速度	30s
曝光补偿	+0.3
ISO	160
WB	日光
焦距	70mm

上图包含了"点""线""面"全部三种元素。教堂可以视为画面中的"点"，中间的海岸线可视为"线"，而水面、天空和山脉则可视为"面"。

由专业摄影师为您传授令人茅塞顿开的摄影技巧

拍摄篇

空和山脉视为"面"元素，教堂视为"点"元素去构图。

为了帮助您更快地做出判断，笔者建议您在观察被摄物体时，随时调整镜头的焦距，亲眼确认不同焦距下画面的变化情况。

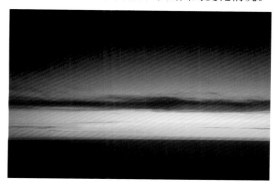

■"线"元素图例

左图是笔者透过飞机的悬窗拍摄到的景象。画面中的地平线以及云层都可视为"线"元素，这些略带紧张感的线条引发了色彩的微妙变化。

■"面"元素图例

上图是笔者站在山上向下俯视某个河流入海口时拍摄的作品。画面中的沙滩被一条柔和的曲线分隔开来，成为"面"的元素。由于周围有许多游人经过，为了使画面更简洁，笔者使用长焦镜头将画面剪切出来，得到了这幅很有趣的作品。

■"点"元素图例

上图拍摄的是开满油菜花的小山丘，花丛中还挺立着一棵树。其中树可被视为"点"元素，而天空和花海则起到了很好的衬托作用。

要点	● 尝试从"点""线""面"的角度来观察被摄物体。
	● 不要单从字面意思去理解被摄物体。
	● 在观察被摄物体的同时，随时调整镜头的焦距，确认不同焦距下画面的变化情况。

17 用景深控制画面的造型与质感

关键词：　　景深　　　虚化

本节要为大家说明的是如何利用景深来控制画面的造型与质感。一般来讲，景深越大画面越清晰锐利，能将被摄物体的细节和质感展现出来，易于表现出景物特有的风貌。反之景深越小，画面中虚化的范围也就越大，可以帮助我们表现出现场特有的氛围。

● 造型、质感与景深之间的关系

本节将为大家说明的是如何利用景深来控制画面的造型与质感。首先为大家介绍一下景深的概念。所谓景深，是指当焦点对准画面中的某一点时，焦点前后一段

设定值

曝光模式	快门优先
光圈	f/16
快门速度	1/500s
曝光补偿	± 0
ISO	400
WB	日光
焦距	160mm

画面中，笼罩在山顶的云朵为巍峨耸立的山脉增添了一份神秘的色彩。为了在画面中只保留天空、山脉和云朵的部分，笔者将镜头焦距设置为160mm，同时缩小光圈，使山脉的细节部分得以展现出来。

左侧竖排文字：

2

由专业摄影师为您传授令人茅塞顿开的摄影技巧

拍摄篇

距离内能够被清晰显示的范围。景深大的照片，画面中能够清晰显示的区域也就广，有助于我们将被摄物体的造型和质感表现出来。例如拍摄人的面部表情时，利用大景深可以忠实再现人物面部的轮廓、耳鼻的形状以及肌肤光滑的质感。上一页的图例就是使用大景深技术拍摄的一个实例，笔者将镜头调整至长焦端，光圈缩小至f/16，清楚地捕捉到了山脉凹凸不平的纹络以及云朵翻动的生动景象。

说完了大景深，再来谈谈小景深的特点。小景深可以柔和地虚化背景，活跃场景的氛围，将隐藏在画面背后的情感元素表达出来。本页的图例是使用长焦镜头并将光圈开至f/2.8时拍摄的作品。除了位于焦点部分的树叶以外，其余部分被大胆虚化，使观众们的注意力全部集中到树叶上面。

设定值 曝光模式 快门优先 光圈 f/2.8 快门速度 1/1250s 曝光补偿 −0.3 ISO 400
WB 日光 焦距 300mm

笔者无意中发现了这片漂浮在河面上的落叶，在找好拍摄角度后，将光圈开至f/2.8，对其进行合焦并按下了快门。画面中落叶成为整张作品的亮点，在突出落叶及其周围水面质感的同时，也为画面带来了些许别样的意境。

要点
- 光圈越大（f值越小），景深越小；光圈越小（f值越大），景深越大。
- 大景深能够表现出被摄物体的造型和质感。
- 小景深可将隐藏在画面背后的情感元素表达出来。

18 忠于现场原本的色彩

关键词：　照片风格　　白平衡

　　当您在拍摄过程中被现场的某种色彩打动时，请尽情地将它表现出来吧。但笔者不建议大家通过彩度、对比度、白平衡的调节，在画面中加入现场原本没有的颜色。希望大家能通过调整照片风格、白平衡以及进行后期处理实现对色彩的控制，展现出我们在拍摄现场看到的色彩。

● 不要在画面中加入现场没有的颜色

　　相比传统的胶片型单反相机，数码单反相机有一个非常了不起的优势，就是可以通过后期处理对拍摄的作品进行各种调整，弥补拍摄时留下的种种遗憾。但是另一方面，电脑后期处理的能力虽然十分强劲，但笔者不建议大家过度修改，尤其是不要在画面里加入现场原本没有的颜色。例如，当您被夕阳的余晖感动而拿起相机拍摄，正常来讲画面应该是呈黄色或橙色的，所以后期处理时可适当对上述两种颜色进行强调。如果我们修改过度，令画面中出现其他颜色的话，就可能使观众的注

设定值

曝光模式	快门优先
光圈	f/11
快门速度	1/1000s
曝光补偿	－ 0.7
ISO	400
WB	日光
焦距	300mm

拍摄篇

拍摄上图时笔者将照片风格设定为风光模式，白平衡设定为日光。后期处理时分别将对比度和饱和度上调了10%，不仅使彩虹的颜色变得更加艳丽，同时还使白云和大海仍旧保留着原本的色彩。

意力从被摄物体转移到颜色上面。笔者认为，后期处理的目的是"将景物原本的色彩展现出来"，而不是为画面"添姿添彩"。

每当笔者被现场的色彩打动而拿起相机拍摄，通常惯用的设定是把照片风格设定为风光模式，白平衡设定为日光。另外在进行后期处理时，主要调整的项目是对比度和饱和度，一般在原基础上上调10%即可。

■ 原始图例

在阴天状态下拍摄的某海滩。照片风格设置为标准，保留了海滩原有的色调。

■ 出现了现场不存在的颜色的图例

相同的拍摄地点，不同的是将照片风格改成了风光模式，并且在后期处理时将白平衡向蓝色区域进行调节，同时大幅调整了对比度以及饱和度。所以观众们的注意力不自觉地就被吸引到了颜色上面。

<table>
<tr><td rowspan="3">要点</td><td>● 后期修图时不要在画面中加入现场没有的颜色。</td></tr>
<tr><td>● 在风光模式下照片颜色会更加艳丽。</td></tr>
<tr><td>● 白平衡推荐使用日光模式。</td></tr>
</table>

19 光源与色温

关键词：　光源　　色温　　白平衡

要想正确还原出被摄物体本来的颜色，设置与现场环境光源相匹配的白平衡是问题的关键所在。当拍摄现场的光源是由不同色温的光线组合而成的混合光源时，最好将相机切换至自动白平衡模式。为了得到令自己满意的作品，不仅要观察被摄物体，对光源的观察同样十分重要。

● 读取现场光源的色温

随着 RAW 格式的兴起，很多人在拍摄时往往容易忽视对白平衡的设定。相比其他格式的数据，RAW 的确具有更大的优势，尤其是在后期处理阶段，可以任意调节白平衡设置对画面自由修正。但同时，人们也逐渐了失去对光的理解、认识以及洞察能力。灵活运用白平衡，对于营造恰当的气氛，或是准确还原影像都是相当有帮助的。下面笔者将以不同光源下使用日光模式拍摄的作品为例，简单为大家说明一下光源和色温之间的关系。

■ 日光

以太阳为光源拍摄风光作品时，因为白平衡同样也被设置为日光模式，所以照片显示的颜色即为景物的真实颜色。此时的色温为5500K（"K"为色温的单位"开尔文"）。

■ 阴天

阴天时的色温大概在 6500K 左右，高于阳光下。如果在阴天状态下依旧使用日光模式拍摄的话，画面的颜色看上去会有些偏蓝。

■ 阴影

晴天时建筑物等物体的阴影部分色温约为8000K，此时如果用日光模式拍摄的话，画面的颜色会比阴天更蓝。

■ 白炽灯

黄色的白炽灯色温相对较低，约为3200K～3400K。当以白炽灯作为光源，使用日光模式拍摄，画面的颜色会明显偏黄。

■ 荧光灯

家用荧光灯的色温约为4000K～4200K。在荧光灯下使用日光模式拍摄，画面会稍显黄色。

■ 混合光源

左图是在白炽灯以及窗外光线的共同照射下，使用日光模式拍摄的作品。照片的左侧看上去有些发黄，越往右黄色越淡。在这种情况下，最好用自动白平衡模式来拍摄。

| 要点 | ● 根据光源的不同选择相对应的白平衡。
● 不同天气状态下色温是不同的。
● 在混合光源下拍摄时，最好使用自动白平衡模式。 |

拍摄篇

20 闪光灯的使用技巧

关键词： 　内置闪光灯　　外置闪光灯

当您以内置闪光灯作为主要光源进行拍摄时，背景中常会出现较为明显的阴影，这时可用描图纸做一个简易灯罩套在闪光灯上，使光线散射出去，从而起到淡化阴影的效果。另外在使用外置闪光灯拍摄时，可将闪光灯对准天花板进行闪光，然后利用反射下来的相对柔和的光线为景物补光，这样拍出来的作品看上去会更显自然。当画面出现曝光过度或是曝光不足时，调节闪光曝光补偿可以起到很好的修正作用。抽出隐藏在闪光灯内部的眼神光板可在模特眼中制造出漂亮的眼神光，在闪光灯前安装专用的散光板可扩大闪光灯的覆盖范围。

● 使用闪光灯时避免出现不自然阴影

单反相机使用的闪光灯大致有两种，一种是内置在相机里的内置闪光灯，另一种为独立于相机存在的外置闪光灯。内置闪光灯虽然小巧便利，但是从相机位置发出正面闪光，所以被摄物体的立体感较差，而且在人物背靠墙壁时背景中还会出现不自然的阴影。这时可用描图纸（颜色为半透明，是机械制图中常用的一种图纸）

■ 用描图纸包住闪光灯

使用内置闪光灯拍摄时，背景中经常会出现比较明显的阴影。这时可用描图纸做一个简易的遮光罩将闪光灯包裹起来，使光线散射出去，从而淡化阴影。原本是点光源的闪光灯变成光线效果更为柔和的面光源，图像看上去自然也就不再那么生硬了。

做一个简易的遮光罩将闪光灯包裹起来，使光线散射，淡化阴影。另一方面，在使用光线较强的外置闪光灯时，大部分闪光灯的灯头都可以进行一定角度的旋转和倾斜，多种不同的角度使拍摄者可以利用墙壁、天花板等物体反射闪光，获得较为柔和的光线效果。

　　许多专业的闪光灯里还藏有一个被称为眼神光板的白色小板。当我们拉出眼神光板，把闪光灯垂直向上打时，眼神光板会被打亮，在人物眼中形成一个白色的光斑，这就是所谓的眼神光。另外在使用广角镜头拍摄时，为了扩大闪光灯的覆盖范围，可在闪光灯前安装专用的散光板。

■ 闪光曝光补偿

调节闪光曝光补偿可以控制闪光灯的闪光强度。

■ 外置闪光灯

外置闪光灯上设有各种调节按键，可独立操作。

■ 眼神光板

抽出隐藏在闪光灯内部的眼神光板拍摄，可在模特眼中制造出漂亮的眼神光，看上去更加生动传神。

■ 散光板

在闪光灯前安装散光板能够扩大闪光的覆盖范围，可有效避免使用广角镜头拍摄时周边光量不足的现象。

要点

● 用描图纸制作简易遮光罩将内置闪光灯包裹起来，可以使光线散射，淡化阴影。

● 闪光光量不足时可调节闪光曝光补偿进行修正。

● 制造眼神光，使人物更显生动。

21 光线效果更为柔和的反射闪光

关键词：　反射闪光　　天花板反射　　墙壁反射

闪光灯直接照向被摄物体时，背景中经常会出现不自然的阴影。为了避免这种现象，我们可将闪光灯按照一定角度对天花板或墙壁闪光，利用反射回来的更为柔和的光线为被摄物体补光。其中经天花板反射的闪光与人在自然状态下看到的光线效果类似，所以照片色彩更为自然。经墙壁反射的闪光与45°侧光的照射效果类似，可为景物带来立体感。另外，反光物表面的颜色会对反射光线产生一定的影响，所以在寻找反光物时，以白色反射面为最佳。

● 灵活运用反射闪光

拍摄时如果让闪光灯直接照向被摄物体，背景中常常会出现不自然的阴影，使用反射闪光法可有效避免这种情况的发生。反射闪光是指让闪光灯按照一定角

■ 天花板反射的闪光效果

这种反射方式与家里电灯的照明效果类似，拍摄出的作品看上去更加自然。操作时将闪光灯的灯头略微向斜前方倾斜，可使反射效果达到最佳。另外，还可以配合闪光灯内的眼神光板一起使用，为人物制造漂亮的眼神光，使人物更加生动。

■ 墙壁反射的闪光效果

这种闪光类似45°侧光，所以照片效果更为立体。闪光时最好选择浅色或白色物体作为反光物，以保证反射回来的光线依旧是正常的色彩。

度对天花板、墙壁等物体进行闪光，利用反射回来的更为柔和的光线为被摄物体补光。与直接闪光相比，这种间接的闪光效果更加自然柔和，大大提高了作品的质量。

反射闪光可分为两种。一种是经天花板反射的闪光，这种反射方式与阳光或是家里电灯的照明效果类似，拍出的作品看上去更加自然。操作时站位稍微远离被摄物体，将闪光灯的灯头略微向斜前方倾斜，可使反光效果达到最佳。另一种是经墙壁反射的闪光，这种反射效果类似45°侧光，照片表现更为立体。

实际操作时，最好选择浅色或白色物体作为反光物，以保证反射回来的光线依旧是正常的色彩。实际拍摄环境中如果没有白色墙壁的话，可将塑料泡沫板、白色浴巾等工具作为反光物来使用。

■ 正面闪光

正面闪光会让人物背后产生不自然的阴影。在日常生活中光线基本上是从上方射向物体的，所以拍摄时最好选择可以达到类似效果的反射式闪光。

■ 偏色图例1

左图是使用墙壁反射法拍摄的某位大厨。经木质墙壁反射回来的闪光使大厨看上去整体偏黄。

■ 偏色图例2

这家中餐馆在店内铺设了大量红色的壁纸。笔者使用的是天花板反射法，反射下来的光线将原本洁白的盘子染成了一片红色，使照片看上去显得有些不自然。

<table>
<tr><td rowspan="2">要点</td><td>● 反射闪光是指让闪光灯按照一定角度对天花板、墙壁等物体进行闪光，利用反射回来的光线为被摄物体补光的一种拍摄方式。</td></tr>
<tr><td>● 经天花板反射的闪光可使作品色彩看上去更加自然。
● 经墙壁反射的闪光则使景物看上去更为立体。</td></tr>
</table>

拍摄篇

22 结合周围环境对画面进行构图

构图的第一步是从观察被摄物体开始的。在确定了构图框架之后，需要过滤掉画面中多余的元素，将观众的视线引导至您想要表达的部分。在构图时，仅仅依靠镜头变焦是不够的，还需移动自己的身体，通过实际的视觉体验去感受不同之处。

● 变焦镜头 + 身体移动

当我们熟悉了光圈、快门、ISO 感光度的使用方法之后，构图是我们接下来要学习的重点。好的构图能让您的照片更加出色，而失败的构图会给人留下很不舒服的印象。本节笔者就为大家说明一下构图的一些注意事项。

■ 过滤掉画面中多余的物体

拍摄时如果不注意观察周围环境，得到的往往是一幅主题不明确、杂乱无章的作品。上图就是一个明显的例子，由于笔者没有仔细考虑构图，画面中出现了大量与主题无关的景物。

上图为改进后的图片。笔者向后方移动了一段距离，将焦距从广角伸长至标准，并且纵置相机拍摄，有效地排除了画面中多余的景物，明确了作品的主题。

相比那些具体的摄影参数，构图这项工作容易被我们忽视。在选好拍摄主体后，拿起相机"咔嚓"便是一张，其结果往往是以失败告终。所以，拍摄前仔细观察周围环境，思考怎样才能将自己的想法表达出来，是拍好照片的关键。

　　那么究竟该如何观察呢？虽然说要仔细观察，可是观察时间太长又可能错过最佳拍摄时机。正确的做法是确定了拍摄对象之后，一边判断曝光参数以及焦距，一边思考哪些是可以去掉的不必要元素。在使用广角镜头拍摄时，画面中往往容易出现与主体不相关的景物。例如上一页左边的图例，画面中包含街灯、钟楼以及大厦等诸多元素，让人搞不清楚主体究竟是什么。上一页右图是改进后的作品，笔者向后方移动了一段距离，将焦距从广角伸长至标准，并且纵置相机拍摄，有效地排除了画面中多余的景物。

■ 最佳拍摄时机的前1秒～2秒

左图是笔者在马拉松赛中拍摄的某个场景。我在端起相机的同时仔细观察周围的环境，不仅观察跑步的人群，也留意人与人之间的距离，预测1秒～2秒后被摄对象可能出现的位置，然后随时准备按下快门。

■ 最佳拍摄时机

发现运动员出现在最佳位置后立即按下快门，得到了这张充满想象力的作品。

要点
- ● 构图时尽量排除不必要的元素。
- ● 改变焦距可以使画面变简洁。
- ● 在构图时，拍摄者自身的前后移动同样很重要。

23 改变视线的高度，体验不一样的风光

关键词：　俯视　垂直俯视

当您感到自己的拍摄水平很久没有新的突破，作品变得千篇一律时，不妨采取全新的视角。可以蹲下来模仿动物的视角，也可以登上大厦的顶层向下俯视，总之您都可以欣赏到平时难得一见的景象。

● 改变固有的视线高度

您知道当您站立拍摄时，相机大概处于多高的位置吗？如果您的身高是170厘米的话，相机基本上位于眼睛的高度，也就是155厘米左右。当您把相机移动至其

■ 降低视线高度可以增加画面的纵深感

上图是笔者站在浮桥上，将相机无限靠近水面时拍摄的作品。相机离水面越近，画面的纵深感也就越强。

他位置，可突破陈规，捕捉到平时难得一见的奇观。

　　蹲下来在低位模仿动物的视角拍摄，可以获得极强的纵深感。如果登上屋顶，上升到更高的位置，则可以拍到比平时更多的景物。站在楼顶向正下方俯瞰，您会发现所有的物体都变成了二维图形。所以，当您感到自己的拍摄水平很久没有新的突破，作品也开始变得千篇一律时，不妨采用全新的视角吧。蹲下去，或是登到更高的地方，一定会令您有不少新的发现。

■ 提高视线高度可以欣赏到平时难得一见的风光

左图是笔者站在浮桥上，将相机无限靠近水面时拍摄的作品。相机离水面越近，画面的纵深感也就越强。

■ 垂直俯视时的画面效果

左图是笔者站在高层大厦的透明展望台上，向正下方俯瞰时拍摄的作品。只是简单地改变了视角，就使汽车和街道变成有趣的二维图形。家里的物品以及身边的东西都可以拿来进行这种尝试。

要点

● 不同的视角可以拍摄出不同风格的作品。
● 低位拍摄能够增强画面的纵深感。
● 俯视拍摄可以取得平面的效果。

拍摄篇

24 相机的三种测光模式

> 常用的测光模式主要有三种，分别是：可用于绝大多数场景的评价测光；对位于画面中央的被摄主体进行准确测光的同时，多少兼顾到周围环境的中央重点测光；以及用于主体与背景光比反差较大的点测光。

● 常用的三种测光模式

　　相机测光的目的是获取正确的曝光，具体来讲，相机内部的测光系统会根据您身边的光线环境，迅速为您计算出当前最佳的曝光组合。常用的测光模式有三种，下面笔者将为大家说明它们的区别以及各自适用的场景。

　　首先是评价测光。评价测光的原理是相机的测光系统将整个画面分成数个区域，然后根据主体的位置，决定每个区域的测光加权比重，最后计算出整个画面所需的最适合曝光量。这种测光模式考虑的是画面的整体曝光，尽可能使画面中大部分的物体都能达到较好的拍摄效果。其次是中央重点测光。中央重点测光是以画面中央部分的亮度为依据进行测光，适合对位于画面中央的被摄主体进行准确测光的同时，多少又需要兼顾到周围环境的场景。第三是点测光。点测光是一种非常精确的测光模式，它只对画面中很小的一块区域进行测光，区域外物体的明暗对曝光无影

■ 评价测光

左图中，山和海的部分有着轻微的阴影，天空和大厦的部分存在高光区域。笔者为了使画面整体都能获得较为准确的曝光，使用的是评价测光模式。此外，为了防止高光区域出现过度曝光，笔者还特意降低了 1/3 挡的曝光。（佳能：评价测光 / 尼康：矩阵测光）

响。点测光适合在主体与背景光比反差较大的环境下使用。

笔者经常使用的是评价测光模式，这种测光模式可用于顺光、侧光、风光、合影等绝大多数亮度差异较为平均的环境。如果再配合曝光锁定功能一起使用的话，即便在逆光环境也能得到相当准确的曝光。另外点测光常被用于拍摄瀑布等对比度高的场景。

■ 中央重点测光

左图的拍摄主体是位于画面中央的两个可爱的小姑娘。为了使二人能够被正确曝光，笔者选择的是中央重点测光模式。在这种测光模式下，中央区域以外的光线情况不会被相机的测光系统考虑。（佳能：中央重点平均测光 / 尼康：中央重点测光）

■ 点测光

因为拍摄现场的明暗对比非常强烈，为了使喷泉能够被正确曝光，笔者使用的是点测光模式。当被摄物体容易出现高光溢出或暗部缺失现象时，点测光是一种十分有效的测光方式。（佳能、尼康：点测光）

拍摄篇

要点	● 评价测光适用于绝大多数的场景。
	● 中央重点测光适合对位于画面中央的被摄主体进行准确测光的同时，多少又需要兼顾周围环境的场景。
	● 点测光适合在光比反差大的场景下使用。

25 确认景物的线条是否横平竖直

关键词：　　水平仪　　相机内置水平仪　　网格线

把原本端正的物体拍成倾斜的样子会使景物失去稳定感，所以在拍摄前请确认景物的线条是否保持水平或垂直。为此，笔者总结了四种判断方法，分别是：①用三脚架将相机固定。②利用水平仪进行确认。③通过相机取景器内的网格线来确认。④使用实时显示功能时，借助液晶屏上的网格线进行确认。使用广角镜头拍摄时，画面周边可能会出现歪曲像差现象。

● 确认画面中景物的线条是否横平竖直

此前笔者向大家说明了如何利用"线"元素观察被摄物体，本节将接着这个话题继续和大家分享一些注意事项。在拍摄含有海平面、地平线的风光，或是高楼大厦等拥有大量水平和垂直线条的建筑物时，如果把原本端端正正的物体拍成倾斜的样子，会使景物失去原本的稳定感。现在有许多非常实用的技巧和工具可以解决这个问题，经笔者总结，主要有以下四种方法：①用三脚架将相机固定。②通过外部水平仪、或是相机内置的电子水平仪，以及现在流行的各种水平仪软件进行确认。

■ 线条横平竖直的作品

拍摄时，笔者不仅架设了三脚架，还利用液晶监视器上的网格线对线条的水平垂直情况进行反复确认，确保房子的线条都保持横平竖直，使画面看上去更加正式、严肃。

■ 失败的作品

画面中房子向左侧倾斜，给人留下随手一拍、漫不经心的印象。

③借助相机取景器内的网格线来确认。④在使用实时显示功能时，借助液晶屏上的网格线进行确认。

在使用广角镜头拍摄时，画面周边可能会出现歪曲像差现象，这是镜头内球形镜片的某些特性导致的一种缺陷，拍摄时请时刻留意画面的细微变化。

■ 水平仪

上图是笔者正在使用的某款水平仪软件。随着 iPhone 等智能手机的普及，各式各样的应用程序也层出不穷，其中就有笔者十分喜爱的水平仪软件。如今手机已经成为人们日常生活当中的必备品，只需下载一个软件就能省去随时携带水平仪的麻烦。

■ 相机内置水平仪

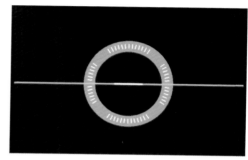

相机的内置水平仪同样十分便利。在拍摄位于坡道上的建筑物时，通过机内水平仪可迅速知晓线条是否处于水平状态。

■ 取景器内的网格线

取景器内网格线的根数可根据实际需要进行调整。但是有些相机并不支持取景器网格线功能。

拍摄篇

要点	● 把原本端正的物体拍成倾斜的样子会使景物失去稳定感。 ● 可利用三脚架或内置水平仪确保景物线条的水平或竖直。 ● 在使用实时显示功能时，可以借助液晶屏上的网格线进行确认。

26 利用液晶监视器的放大功能实现景物的精密合焦

关键词： | 焦点 | | 液晶监视器 |

本节为大家说明的内容主要和实时拍摄功能有关。一是在实时拍摄模式下，可通过液晶监视器将景物放大，检查焦点部分是否精确合焦。二是当拍摄现场光线不足时，通过曝光模拟功能可以迅速获得曝光补偿后的影像，从而轻松确认景物是否准确合焦。使用曝光模拟功能确认景物是否合焦后，请不要忘记将曝光补偿恢复至您需要的数值。

● 通过实时拍摄与曝光模拟确认被摄物体是否正确合焦

实时拍摄功能的出现极大地丰富了我们的摄影方式。在实时拍摄状态下，我们可以将尺寸更大的液晶监视器作为取景器，把图像传感器捕捉到的画面直接显示出来，并以五倍或十倍的倍率放大被摄物体，使被摄物体得到比使用光学取景器更精确的合焦。另外，实时拍摄模式还有一项非常实用的功能——曝光模拟功能，这项功能对拍摄夜景或是光照条件差的场景有着非常重要的帮助。当现场光线不足时，我们很难确认被摄物体是否正确合焦，而开启曝光模拟功能后，通过增加曝光可迅速获得影像，从而轻松确认被摄物体是否准确合焦。使用曝光模拟功能进行确认后，请不要忘记将曝光补偿恢复至您需要的数值。

■ 放大画面确认被摄物体是否正确合焦

在实时拍摄模式下，笔者利用液晶监视器将花朵放大了十倍，仔细确认花朵是否精确合焦。另外，实时拍摄配合手动对焦的话可以获得更为精密的对焦体验。

2

由专业摄影师为您传授令人茅塞顿开的摄影技巧

拍摄篇

使用实时拍摄功能时，液晶监视器的长时间开启会加剧电池电量的消耗，在寒冷的冬季这种情况会更为严重。所以为了不影响我们享受实时拍摄功能带来的乐趣，出门时请多准备几块备用电池吧。

■ 光线不足的场景

在光线不足的场所拍摄时，如果不提高曝光量的话液晶监视器会漆黑一片，难以确认景物是否合焦。

■ 进行曝光模拟之后

在相同的场景下，将ISO感光度提高至ISO 1600，曝光补偿设定为+5EV，监视器瞬时变得明亮起来，被摄物体的合焦情况也一目了然。使用曝光模拟功能进行确认后，请不要忘记将曝光补偿恢复至您需要的数值。

要点

● 在实时拍摄模式下，可通过液晶监视器将景物放大，检查焦点部分是否精确合焦。

● 通过曝光模拟功能可以迅速获得增加曝光后的影像，轻松确认景物是否准确合焦。

● 使用曝光模拟功能进行确认后，请不要忘记将曝光补偿恢复至您需要的数值。

拍摄篇

27 拍摄后需要立即确认的 4项问题

关键词：　　直方图　　液晶屏

2

由专业摄影师为您传授令人茅塞顿开的摄影技巧

拍摄到自认为还不错的作品后，有的朋友可能会急忙赶去下一个景点。但是，您的照片真的"合格"了吗？为了避免留下遗憾，在拍摄完成后最好马上对画面进行回放，通过直方图检查画面是否存在高光溢出或是暗部缺失的部分，曝光是否正确，画面有没有轻微的抖动，线条是否保持水平等。

● 拍摄后需要立即确认的 4 项问题

数码相机最大的优点在于拍摄后可以立刻对画面进行回放，当即确认照片的好与坏。虽然可以通过后期处理对不满意的部分进行修改，但如果出现根本性的失误就无计可施了。为此，笔者根据自身的经验，总结出拍摄后需要立即进行确认的 4

■ 拍摄后需要马上确认的 4 个项目

高光溢出和暗部缺失

失败的作品

模糊·抖动

失败的作品

拍摄篇

个问题。

（1）确认是否有高光溢出或暗部缺失。当画面出现高光溢出时，该部分景物的数据相当于空白一片，即便后期处理也无法恢复其中的细节。所以拍摄时不但要观察直方图，最好同时开启相机的"高光警告"功能。

（2）确认是否有画面模糊及抖动。画面模糊以及抖动也是无法通过后期处理解决的，所以要在拍摄之后利用液晶屏将图像放大，仔细确认画面中是否有拍摄时没有察觉到的抖动存在。

（3）对曝光情况的确认。虽然我们之前已经确认了高光溢出和暗部缺失的情况，但作为画面主体的被摄对象是否按我们的拍摄意图曝光了呢？另外，色彩和阴影的表现也需要确认。

（4）对线条水平与垂直情况的确认。这个问题也能通过后期处理来解决，但是修改过程中要对画面进行剪裁，可能会影响到景物的重要部分，所以还是当即进行确认为妙。

曝光

失败的作品

线条水平与垂直情况

失败的作品

要点

● 数码相机最大的优点在于拍摄后可以立刻对画面进行回放。

● 利用直方图检查画面是否存在高光溢出或是暗部缺失的区域。

● 确认被摄主体的曝光及线条是否符合要求。

专栏 ▶ 摄影师的交通工具

　　对于外出摄影之际所使用的交通工具而言，既方便随处停车，又可避免车内贵重物品被盗的普通小型乘用车是笔者的最爱。虽然后车窗用的是深色玻璃，但是为了在登山等长时间离开车辆的情况下不使别人从外面看到车内的旅行箱，也可用颜色深的布将器材覆盖之后再出发。

　　在等待拍摄的间隙，笔者通常都会选择在车里小憩片刻。笔者身高171cm，将后排座椅放倒，铺上靠垫和睡袋，刚好可以在车后部制造出一个临时休息的地方。虽然姿势不太舒服，但是也正好避免了因为睡得太过舒服而耽误正事的情况发生。

　　冬天时笔者还会为自己的爱车换上雪胎向北国进发。这辆小车在东京近郊拍摄时也是十分便利的。

虽然只是辆普通的小型乘用车，但是车内空间要比想象中大许多。放了一个大行李箱、装器材的摄影背包、三脚架以及其他一些零七八碎的杂物之后还有不少富余空间。

把行李规整到一边，将后排座椅放倒，再铺上靠垫和睡袋，一个临时休息的空间就搭建完成了。虽然可能不太适合那些身材魁梧的朋友，但是对于笔者这种身高的人来说刚刚合适。

第3章

3 根据不同的对象及场景选择不同的拍摄技巧

01 用风光模式拍摄色彩鲜艳的景物

关键词： | 照片风格 | 风光模式 |

> 当您在风和日丽的晴天外出拍摄时，将照片风格设置为风光模式，可以使画面有更加鲜艳的色彩表现。另外不论是在云雾笼罩的阴天，还是在细雨淋淋的清晨，风光模式都能够将景物原本的色彩完美地再现出来。风光模式不局限于拍摄风光，在拍摄其他颜色鲜艳夺目的景物时同样能应用。

3
根据不同的对象及场景选择不同的拍摄技巧

● 使照片色彩变得加艳丽的风光模式

设定值 | **曝光模式** 程序自动曝光 | **光圈** f/5.6 | **快门速度** 1/3200s | **曝光补偿** ±0 | **ISO** 400
WB 日光 | **焦距** 17mm

在拍摄风光作品时，有时天空明明十分晴朗，但是拍出来的照片却灰蒙蒙的，让人失去了继续拍下去的动力。实际上，景物的颜色并没有发生改变，山依旧是青

场景篇

的，天空仍然是蓝的，产生变化的是光照条件，此外空气中的水蒸气使光线发生折射，令景物看上去仿佛失去了原本的活力。

在相机的众多照片风格中，风光模式可以增加画面的色彩饱和度，强化景物的色调，使拍出来的作品比您实际看到的还要生动艳丽。有些朋友可能认为用风光模式拍摄出来的作品颜色与实际看见的颜色之间存在差别，觉得有不协调感，其实这种色彩并不是人工制作出来的，只是还原出景物本来的面貌而已。除了拍摄风光，笔者看到橱窗内精致漂亮的点心，或是路边停放整齐的自行车，只要被现场颜色所感动，就会使用风光模式来拍摄。风光模式是一个能够为景物带来鲜活魅力的模式。

■ 照片风格设定

照片风格	◐ ◑ ♣ ◖
A 自动	3, 0, 0, 0
S 标准	3, 0, 0, 0
P 人像	2, 0, 0, 0
L 风光	4, 2, 2, 0
N 中性	0, 0, 0, 0
F 可靠设置	0, 0, 0, 0
INFO. 详细设置	SET OK

照片风格的设定方法十分简单。进入菜单后先选择照片风格选项，然后再选择您所需的风格。除了风光模式以外，还有许多别的模式供您尝试，例如标准模式、人像模式等，照片的色彩会随着照片风格的改变而不同。（佳能：照片风格/尼康：照片设置）

■ 风光模式

■ 可靠模式

在风光模式下，画面的饱和度高，色彩更加鲜艳。而在可靠模式下画面色彩与人眼实际看到的效果类似。

要点
- 风光模式可使画面的色彩更为鲜艳。
- 在风光模式下，即便阴雨天气也能拍出景物原本鲜活的色彩。
- 只要被现场颜色所感动，都可以使用风光模式来拍摄。

02 拍摄瀑布的技巧

关键词： 高速快门 慢速快门 快门线 反光镜预升功能

在拍摄瀑布时，使用高速快门（1/500秒～1/2000秒）可以捕捉到瀑布奔流直下、水花四溅的形态，慢速快门则可以表现出瀑布轻柔飘逸、细腻丝滑的一面。

3

根据不同的对象及场景选择不同的拍摄技巧

● 如何拍摄出瀑布的美感

拍摄瀑布时，不同的拍摄手法可以为我们带来不同的视觉效果。常用的方法有两种：一种是使用高速快门，能够将瀑布奔流直下、压迫力十足的形态捕捉下来；另一种是使用慢速快门，可以表现出瀑布轻柔飘逸、细腻丝滑的一面。

用高速快门拍摄时，根据瀑布下落速度的快慢，快门速度通常被设定在1/500秒～1/2000秒之间。在设置方面，曝光模式选择快门优先，对于光圈的大小没有硬性要求，如果您希望全部景物都能合焦的话，可通过提高ISO感光度来实现，这样既能保证快门速度，又可以放心地缩小光圈。以上一页的照片为例，

场景篇

设定值 曝光模式 快门优先 光圈 f/13 快门速度 1/2000s 曝光补偿 ±0 ISO 25600
WB 日光 焦距 200mm

笔者希望表现出瀑布汹涌澎湃的压迫力，又想让画面能够保持一定的锐度。经反复尝试，最终将感光度设定为ISO 25600，此时快门速度为1/2000秒，光圈为f/13。

　　在用慢速快门拍摄时，曝光时间是由您希望瀑布达到的飘逸程度决定的。拍摄时三脚架是必不可少的，而且由于瀑布周边较为湿滑，为了保证稳定，还需要开启相机的反光镜预升功能，使用快门线来辅助我们进行拍摄。

■ 利用慢速快门拍摄的作品

■ 利用高速快门拍摄的作品

用慢速快门拍摄时，曝光时间是由您希望瀑布达到的飘逸程度决定的。通常在1/2秒～1秒之间。当快门速度慢到一定程度时，瀑布甚至能表现得如牛奶一般丝滑。

仔细观察瀑布下落情况的话，您会发现刚开始下落的瀑布和马上就要跃入潭中的瀑布给人的感觉是截然不同的。利用高速快门的截取效果，同一个瀑布也可以拍出数幅形态不同的作品。

<table>
<tr><td rowspan="3">要
点</td><td>● 快门速度决定着瀑布的表现。</td></tr>
<tr><td>● 高速快门可以捕捉到瀑布奔流直下、水花四溅的形态。</td></tr>
<tr><td>● 慢速快门可以表现出瀑布轻柔飘逸、细腻丝滑的一面。</td></tr>
</table>

03 用低速快门捕捉大海的柔美表情

关键词： 长曝光拍摄　ND密度镜　PL滤光镜

　　使用ND密度镜可以减少射入相机的光量，这样在白天也能够进行长曝光摄影，可以帮助我们抓住大海柔美、细腻的一面。如果配合PL滤光镜一起使用还可以减弱海面部分的反光，令大海看上去更加沉稳。需要注意的是，当您将多枚滤光镜叠加在一起使用时，画面四周可能会有暗角出现，所以拍摄后请务必仔细确认。

● ND密度镜的使用技巧

设定值　曝光模式 手动曝光　光圈 f/16　快门速度 1s　ISO 100
WB 日光　焦距 65mm

　　当您使用全自动模式拍摄大海时，相机通常会将快门速度设定在1/60秒～1/125秒，拍出来的往往是一张再普通不过的风光作品。因此，为了能够更加舒缓地将大海的表情以及波浪的跃动捕捉下来，我们需要为相机架设三脚架，同时为镜头安装ND滤光镜，降低进入镜头的光量，这样我们便可实施慢速长曝光摄影了。根据减光能力的不同，ND滤光镜可细分为好几个型号，如ND4、ND8等。上图笔者使用了减光能力为四挡的ND16镜片，并且为了进一步提高画面的对比度同时还装配了PL滤光镜。在慢速快门以及增强对比度的双重作用下，原本波涛汹涌的大海瞬间变得梦幻迷离起来。将相机设置为低ISO感光度，此时光圈越小，快门速度就越慢，在选择时请以1秒～4秒快门速度为基准选择滤光镜。另外，在海边使用三脚架时海风很容易使三脚架出现晃动，所以请为三脚架选择一个结实的落脚点。最后需要提醒您的是，当您将两枚滤光镜叠加在一起使用时，画面四周可能会有暗角出现，所以拍摄后请务必仔细确认。

■ ND密度镜

笔者准备了多枚ND密度镜，减光挡半位从2挡半到8挡半不等。

■ PL滤光镜

笔者常用的是薄型C-PL圆偏振镜。

■ 未使用滤光镜拍摄的作品

如果不使用滤光镜的话，我们既拍不到大海细腻柔美的一面，也拍不到它汹涌澎湃的一面，得到的只是一张再普通不过的风光照而已。

■ 使用ND密度镜拍摄的作品

ND密度镜的减光效果可以将快门速度降到足够慢，使原本波涛汹涌的大海瞬间变得梦幻迷离起来。

要点	● ND密度镜可以减少射入相机的光量，使我们在白天也能够进行长曝光摄影。 ● PL滤光镜可以消除海面的反光，提高画面的对比度。 ● 当您将多枚滤光镜叠加在一起使用时，请留意画面四周是否出现暗角。

拍摄湖面倒影的技巧

为了拍好湖面上的美丽倒影，首先要等待时机，选择在风平浪静的时候拍摄。其次是使机位尽量靠近湖面，表现出画面的纵深感。最后不要忘了检查画面中的线条是否处于水平状态。

如何拍摄完美的倒影

在拍摄以倒影为主题的作品时，首先要等待时机，选择在风平浪静的时候拍摄。清晨或傍晚时的湖面通常较为平静，犹如镜面一般的湖水可以完美映照出远处的美景，是拍摄的最佳时机。其次，要寻找最佳的拍摄位置。拍摄时如果没有仔细考虑机位的话，很有可能会将周围的建筑或者多余的树枝带入画面。笔者的建议是令相机尽量靠近湖面，这个

设定值

曝光模式 快门优先
光圈 f/16
快门速度 1/1000s
曝光补偿 −0.3
ISO 200
WB 日光
焦距 33mm

机位与其他位置相比更容易表现出画面的纵深感，具体效果可参照上一页的图例。在焦距方面，笔者选择的是更接近标准镜头的33mm镜头，因为广角镜头常常会把周围的杂物也拍摄进画面。最后，还有一个绝对不能忽视的问题，就是确认湖面是否处于水平状态。笔者在第二章中曾经提到过，拍摄含有水平线的场景时，倾斜会令景物失去稳定感，所以拍摄后一定要检查湖面的线条是否处于水平状态。

此外，如果在拍摄过程中遇到强风干扰的话，我们可以利用ND密度镜和三脚架对湖面进行长时间曝光，人为地制造出风平浪静的效果。

■降低相机的位置

将相机置于靠近湖面的位置，更容易表现出画面的纵深感。

■将多余景物移出画面

与主题无关的景物会分散观众的注意力，在构图时最好将这部分物体从画面中排除出去。

<table>
<tr><td rowspan="3">要
点</td><td>● 清晨或傍晚时的湖面通常较为平静，是拍摄倒影作品的最佳时机。</td></tr>
<tr><td>● 将相机置于靠近湖面的位置，更容易表现出画面的纵深感。</td></tr>
<tr><td>● 在遇到风的干扰时，可以利用 ND 密度镜和三脚架对湖面进行长曝光摄影。</td></tr>
</table>

场景篇

05 拍摄樱花的技巧

关键词: MF模式 | 增加曝光

由于樱花的颜色非常浅，接近于白色，所以不擅长对单色景物进行对焦的自动对焦系统有时可能无法正常工作。这时我们可将对焦方式切换至手动，同时配合三脚架以及相机的实时拍摄功能，使对焦更加精确。另外，在拍摄类似樱花这样的大片白色景物时，不要忘记增加0.7挡～1.3挡曝光，提高画面的亮度。

3

根据不同的对象及场景选择不同的拍摄技巧

● 提高曝光值，再现樱花纯净的色彩

设定值 | 曝光模式 程序自动曝光 | 光圈 f/5.6 | 快门速度 1/500s | 曝光补偿 +1.3 | ISO 100
WB 日光 | 焦距 73mm（使用了微距模式）

场景篇

当您在拍摄樱花时，樱花那一片片接近白的浅粉色的花瓣，会导致不擅长对单色景物进行对焦的自动对焦系统出现对焦速度变慢、甚至无法正常对焦的情况。这时我们可先借助自动对焦选取一个大致的焦点，然后再切换至手动模式拍摄（具体

可参考本书第42页内容）。根据镜头种类的不同，有些镜头在使用自动对焦功能对焦后，无需切换至手动模式也可直接手动对焦距进行微调，在使用前请先仔细确认您的镜头是否需要切换。有的摄影爱好者害怕自己用不好手动模式，担心照片的焦点不实，这时您也可以配合三脚架以及相机的实时拍摄功能一起使用。

另外一个要点是曝光补偿。在拍摄类似樱花这样的大片白色景物时，如果不提高曝光值的话画面会呈灰色，为了使画面看上去更为明亮，在拍摄时需要提高0.7挡～1.3挡曝光值。在樱花盛开时赏花的人也会变得很多，有时候可能不方便使用三脚架，需要手持拍摄。这时为了使照片不模糊，您可以用右手、左手和头紧紧地夹住相机。使照片不模糊的安全快门速度是1/焦距。

■ 未调整曝光补偿的图例

当画面中白色景物的比例过大时，相机的测光系统会误以为当前的光量足够强，从而减少相机的曝光量，造成整个画面曝光不足，使原本洁白的樱花看起来灰蒙蒙的。

■ 提高曝光值之后的图例

提高曝光值之后，画面也随之明亮起来，樱花恢复了本来的颜色。

要点	● 拍摄樱花时如果合焦困难的话可将对焦方式切换至手动。 ● 提高曝光可恢复樱花本来的颜色。 ● 为了防止照片模糊，可用双手将相机紧紧地贴在头部。

06 拍摄红叶的技巧

关键词：　　阴天　　大光圈

拍摄红叶时，我们可从红叶的"色""形""线""光"四个方面入手。为了突显红叶的存在感，可以开大光圈虚化背景。在构图时不要一味拘泥长焦镜头的特写效果，利用广角镜头将不同颜色的树叶组合到一起，便可得到一幅色彩丰满、画面充实的作品。

3 根据不同的对象及场景选择不同的拍摄技巧

● 构图时有意识地使背景与主体相互平衡

设定值　曝光模式 光圈优先　光圈 f/8　快门速度 1/50s　曝光补偿 ±0　ISO 1600
WB 日光　焦距 200mm

场景篇

红叶是秋季最有人气的拍摄主题之一。为了能够更好地表现红叶带给我们的这份美妙，在构图时需要有意识地使背景与主题在"色""形""线""光"这四个方面获得平衡。

以上页的作品为例，这是笔者拍摄的经历了暴雨洗礼的红叶。在构图时，当您将红叶置于画面中央时，背景颜色要尽量避免与红叶同色，背景越单纯，越容易突出红叶的色彩以及层次感。在焦距方面，可以通过长焦距将位于高处的红叶拉近从而对形状奇特的红叶进行特写拍摄，此时光圈不要开得太大，为的是在虚化背景的同时多少保留住一些远处树木的存在感，使画面看上去更加柔和。最终笔者决定将焦距设定为200mm，光圈开至f/8。

虽然我们期待拍出像观光手册上面那样品相良好、色泽鲜明的红叶，但是偶尔也会碰到树叶被虫子啃食导致形状不完整或是叶子颜色尚未变红的情况。这时我们不妨改变一下思路，使用广角镜头将不同颜色的树叶组合在一起，同样也可以得到一幅色彩丰满，画面充实的作品。

最后是对光线的要求。笔者认为最佳的拍摄时机是多云的天气。在晴天拍摄时容易获得反差大的作品，但同时也会使叶子的影调变得生硬。相比之下，多云的天气下红叶对光的反射较弱，画面的色彩看上去更为鲜艳。

■ 使用广角镜头拍摄的作品

拍摄时树叶尚未完全变红，所以笔者临时决定使用对角线构图法，让开始变红的树叶和尚未变色的树叶以及瀑布形成对比，拍下了这幅色彩分明、画面充实的作品。

■ 使用长焦镜头拍摄的作品

利用长焦镜头将红叶局部剪切下来，是拍摄红叶时最常使用的技法之一。

> **要点**
> - 拍摄红叶可从红叶的"色""形""线""光"四个方面入手。
> - 多云的天气是拍摄红叶的最佳条件。
> - 构图时可让不同颜色的树叶组成色块，拼接在一起。

07 如何拍摄出生动的街景

关键词：　快门速度　　曝光过度

3

根据不同的对象及场景选择不同的拍摄技巧

　　在拍摄街头的行人时，故意将行进中的人虚化可为照片带来动静结合的视觉效果。在操作方面，需要支起三脚架，快门速度至降低1/15秒或更慢，同时增加曝光量，即便出现轻微的曝光过度也没有关系。但请随时留意直方图的变化，不要使画面出现高光溢出现象。

● 利用慢速快门捕捉生动的街景

设定值　曝光模式 光圈优先　光圈 f/11　快门速度 1/15s　曝光补偿 +1.7　ISO 100
WB 日光　焦距 92mm

场景篇

　　如果问起照片的本质是什么，笔者的回答是"光和时间"。其中，"时间"指的是相机的快门速度，"光"指的是曝光补偿。所以本节笔者将从这两点入手，和大家一起探讨如何拍摄出一幅生动的街景作品。

首先是对快门速度的设定。以上一页的图片为例，笔者为了表现出行人的动态效果，同时又不至于让人完全看不清人物的样子，经反复尝试最终将快门速度设定为1/15秒。如果继续延长曝光时间会彻底失去人物的细节部分，如本页最下面的图例所示。另外需要注意的是，用如此慢的速度拍摄很容易使画面出现抖动，所以必须使用三脚架。

接下来是对曝光补偿的设定。笔者将曝光补偿设定为+1.7EV，虽然略微有些曝光过度，但却能使画面看上去更具清新感，并且给人一种仿佛超越时间的感觉。但同时，不要忘记时刻留意直方图的变化，以免画面出现高光溢出的现象。

最后想要提醒大家的是，当您希望表现作品中"动"的部分时，最好去寻找一些"静"的景物作为陪衬。只有做到动中有静、动静结合，才能真正拍出生动且富有想象力的作品。

■ 在1/15秒的快门速度下拍摄到的图像

为了表现出行人的动态效果，同时又让人不至于完全看不清人物的样子，笔者将快门速度设定为1/15秒，将光圈值设定为f/11，并且使用了三脚架。画面中只有"动"（行人）的部分是不够的，还需要为画面添加一些"静"（信号灯）的景物。只有做到动静结合才能拍出生动且富有想象力的作品。

■ 在2秒的快门速度下拍摄到的图像

左图是用2秒的快门速度拍摄到的作品，行走中的人物被虚化成了线，已经分辨不出任何细节了。

> **要点**
> ● 慢速快门可表现出街上行人的动态效果。
> ● 略微使画面曝光过度，令画面产生一种超越时间的感觉。
> ● 动静结合可使照片更加生动。

08 利用长焦镜头拍摄创意城市建筑

关键词： 长焦镜头 　反射光

在拍摄都市风光时，可先从"线""色""形"这三个方面入手。为了提高画面的完整度，还可以利用建筑外墙反射的太阳光来进行调剂。使用长焦镜头将景物的一部分截取下来，往往可以令画面变得抽象且不可思议。

3

根据不同的对象及场景选择不同的拍摄技巧

场景篇

● 长焦镜头与创意都市

一般来讲，广角镜头或移轴镜头是拍摄建筑的首选，因为它们能够拍摄出整座建筑的全貌。但如果您希望拍出更具有创意、风格更加独特的作品，不妨使用长焦镜头将景物的一部分截取下来，从中寻找那些更能反映街头面貌的画面。拍摄时请忘记我们曾经赋予它们的名称，而是把它们想象成由"线""色""形""光"组成的一个集合。以上一页的图

设定值

曝光模式	快门优先
光圈	f/16
快门速度	1/640s
曝光补偿	±0
ISO	400
WB	日光
焦距	200mm

像为例，该建筑物的外墙是由大量反光材质构成，笔者利用焦距为200mm的长焦镜头对其映照出来的影像进行构图，同时将照射在其表面的太阳作为点缀，最终得到了这幅十分抽象的作品。此时作品的主题不再是大厦本身，而是玻璃表面上映射出来的弯曲线条、天空的蓝色、建筑物新奇的外形以及起到点睛作用的太阳光斑所组成的一个充满想象力的集合体。当您看到照片的一瞬间，如果心中产生了"这究竟是什么？"的疑问，那正是笔者期待的效果。

另外本节的主角虽然是长焦镜头，但并不代表使用广角镜头就拍不出抽象且新奇的作品。比如本页最下面的作品，以不同的视角配合广角镜头独特的透视效果一样可以令画面变得不可思议。

■ 使用长焦镜头拍摄的作品

左图拍摄的是苏格兰的某处街景。在构图时笔者以房屋和窗子的线条为基础，利用长焦镜头的剪裁效果将多余的景物排除出画面，同时缩小光圈使成像保持锐利，最终获得了这幅紧密饱满的作品。

■ 使用广角镜头拍摄的作品

右边这幅作品是笔者使用广角镜头，将相机抬高90°后拍摄出来的。利用广角镜头的透视效果让所有线条向上汇聚至一个点，画面带有强烈的透视感，为观众们留下了天地90°翻转的奇特印象。

要点	● 把城市的街景想象成由"线""色""形""光"组成的一个集合。
	● 长焦镜头可将画面变抽象。
	● 广角镜头同样可以使画面变得不可思议。

场景篇

09 如何将古建筑拍得更有质感

关键词： 降低曝光 90°侧光 45°侧光

在拍摄以古建筑为主题的场景时，我们应把重点放在如何表现出建筑的质感上，为了表现出质感，最重要的是选择合适的光线。不同的光线可为景物带来不同的造型效果，笔者建议大家使用可以使景物看上去更为立体的90°侧光或者45°侧光进行拍摄。另外，适当降低曝光值有助于将建筑物古朴宁静的特点表现出来。

3

根据不同的对象及场景选择不同的拍摄技巧

● 用光线表现建筑的质感

在拍摄以古建筑为主题的场景时，重点是表现出建筑本身所蕴含的质感，例如岁月在建筑表面留下的伤痕，长时间日晒产生的褪色等。为了表现出质感，最重要的是选择合适的光线。笔者建议大家使用可以使景物看上去更为立体的90°侧光或者45°侧光进行拍摄。在本页作品中我们可以看到，照片左侧光线的明暗

设定值

曝光模式	快门优先
光圈	f/5.6
快门速度	1/80s
曝光补偿	− 0.3
ISO	800
WB	日光
焦距	17mm

场景篇

变化不仅使画面产生了立体感，同时还为室内环境增添了一份宁静质朴的情调。另外照片中还有一束从窗户射入室内的间接光，在调节画面的明暗对比上起到了十分重要的作用。

此外，拍摄时适当降低一些曝光更能表现出室内的氛围。例如上一页的图例，一开始笔者为了向观众展示更多室内的细节，选择对画面暗部的障子进行测光，然后使用曝光锁定功能锁定曝光值拍摄。但拍摄后笔者发现画面的暗部过于明亮，使房间失去了原本的氛围。于是笔者试着将曝光降低，终于得到了这幅令人满意的作品。

■用侧光传达建筑古朴的质感

右图是由城门、古街道以及骑手组成的场景。画面中被侧光照射的墙壁有种古朴的质感，仿佛在向人们展示着这里曾经的辉煌，照片深处的行人则在提醒大家这里仍旧是一座活的村子。

要点	●拍摄古建筑时应把重点放在如何表现建筑的质感上。
	●侧光更容易表现出被摄物体的质感。
	●降低曝光有助于表现出室内原本的氛围。

10 拍摄室外人像的技巧

关键词： | 人像摄影 | 逆光 | 正面光 | 侧光

拍摄室外人像作品时，最重要的是合理利用各种光线的特性。其中，逆光可在人物周围产生明亮的轮廓光，勾勒出模特曼妙的身姿。正面光在人物表面制造的阴影面积最小，适合记录人物的细节部分。侧光可以丰富影调，使人物的面部看上去更加立体。

3

根据不同的对象及场景选择不同的拍摄技巧

● 不同的光线可以塑造出不同的人像效果

> 设定值　曝光模式 光圈优先　光圈 f/5.6　快门速度 1/640s　曝光补偿 +1.7　ISO 400
> WB 日光　焦距 70mm

场景篇

室外人像是我们平时拍摄最多的一个题材了。拍摄这类作品时我们用到的光源主要是日光，日光强烈的光照能够保证画面拥有出色的色彩表现。在不同类型的光照下，我们获得的照片效果完全不同。关于光线种类的判断方法，笔者已在第2章第7节"理解光的特征，追求极致表现"中为大家介绍过，本节主要和大家分享不同类型的光照下人像摄影效果的不同之处。

在常见的几种光线类型之中，最有魅力的非逆光莫属了。在逆光状态下，人物会被美丽的轮廓光和发丝光包围，画面看起来格外温暖、恬静。如果只对明亮的背景测光而忽略暗部细节会得到对比强烈的剪影效果，不仅可以勾勒出模特的曼妙身姿，还能有效渲染现场的气氛。在逆光下，画面有时会出现眩光和光斑的现象。通常出现这两种现象的作品会被判定为失败，不过如果重新构图，稍微改变人物位置的话，眩光和光斑也可以成为一种特殊的表现手法，使画面变得美轮美奂。正面光适合记录人物的细节，例如模特精致的妆容等。因为在正面光的照射下，人物表面的阴影面积最小，影调明快，画面的色彩还原度也最高。侧光的光照效果最符合人们日常生活中的视觉感受，能让人物的肤色看上去更有质感，表情更为立体、自然。另外需要注意的是，拍摄室外人像要尽量避开正午这个时段，强硬的正午光不仅让人觉得又热又晒，而且还会使人物的眼睛和鼻子下面出现难看的阴影。

最后，笔者再和大家分享一个拍室外人像的小窍门：选择在地面明亮的场所拍摄。明亮的地面带来的反光效果足以媲美反光板的作用，能够淡化肌肤上的皱纹，使人物看上去更加年轻靓丽。

■ 使用正面光拍摄的作品

在正面光的照射下，人物表面出现的阴影面积小，画面的色彩还原度高。但由于缺乏足够的明暗变化，所以画面的立体感和空间层次感较差，容易给人一种平铺直述的感觉。

■ 使用侧光拍摄的作品

在侧光的照射下，人物的肤色看上去更有质感，表情更为立体、自然。

| 要点 | ● 逆光会使人物周围出现美丽的轮廓光和发丝光。
● 正面光适合记录人物的细节。
● 侧光可使人物表情立体、自然。 |

3

根据不同的对象及场景选择不同的拍摄技巧

场景篇

11 拍摄室内人像的技巧

关键词： 人像摄影　慢速闪光同步

相比光照条件良好的室外，室内的光线情况更为复杂，拍摄时需要仔细确认窗子的位置、光入射的角度、屋内照明器材的种类等一系列拍摄条件。当背景不够明亮时，利用相机的慢速闪光同步功能可使背景变得明亮起来。

3

根据不同的对象及场景选择不同的拍摄技巧

● 利用慢速闪光同步拍摄室内人像

设定值 曝光模式 手动模式　光圈 f/5.6　快门速度 1/125s　ISO 100
WB 日光　焦距 50mm

场景篇

相比光照条件良好的室外，室内的光线情况更为复杂，因此在拍摄室内人像作品时需要用闪光灯对现场进行补光。一般的闪光方式通常只能使人物得到充足的照明，背景往往会像本页上图那样因光照不足显得一片漆黑，严重地影响照片的美感。为了避免这种情况发生，笔者通常会开启慢速闪光同步功能。慢速闪光同步是指使用闪光灯拍摄时降低相机的快门速度，使被摄主体获得足够曝光的同时，通过延长曝光时间使背景也能够获得足够的曝光，例如本页下图。需要注意的是，慢速闪光同步会使快门速度变慢，为了避免发生抖动，拍摄时务必使用三脚架，并且拜托模特尽可能长时间保持同一个姿势不动。

另外，参加影棚摄影活动时，影棚里一般会配备各种专业的照明器材，有了这些专业器材便可轻松使人物和背景同时获得正确的曝光。例如上一页的作品，笔者使用了一盏主光灯对模特进行照明，两盏背景灯对背景进行补光，并且为了缩小景深将光圈开至 f/5.6，成功地将模特柔美温婉的气质表现了出来。

■ 失败的作品

拍摄时虽然使用了闪光灯，但是只有人物部分得到了正确曝光，背景因光线不足显得十分昏暗。

■ 使用慢速闪光同步拍摄的作品

使用慢速闪光同步功能之后，人物与背景都得到了正确的曝光。

要点	● 在拍摄室内人像时，如果室内光线不足的话可使用闪光灯进行补光。 ● 慢速闪光同步功能可以解决闪光时背景曝光不足的问题。 ● 影棚的照明设备可用来为人物打光。

12 使影棚摄影顺利进行的 6项准备

为了使影棚摄影活动能够顺利进行下去，拍摄前一定要做好万全的准备。例如摄影器材的选定、调试计算机、摆放道具等工作要在模特到来之前准备完毕。另外模特与摄影师初次见面时难免会感到拘谨。这时摄影师最好准备几个可以活跃气氛的话题，和模特聊天缓解一下现场紧张的气氛，使双方都能放松下来，全身心地投入拍摄中去。

3

根据不同的对象及场景选择不同的拍摄技巧

● 做好万全的准备工作

场景篇

（设定值） 曝光模式 光圈优先　光圈 f/8　快门速度 1/100s　曝光补偿 +3　ISO 400
WB 日光　焦距 47mm

相信有过影棚摄影经验的朋友都清楚准备工作的重要性，毫不夸张地说，拍摄结果的好坏有80%是由准备工作的完成度决定的。为了让大家对拍摄的准备工作有一个较为清楚的认识，笔者总结了以下6点供大家参考。

（1）安装背景纸。

（2）将各类电源线归纳整齐，以免不小心被绊倒。

（3）对模特的位置以及背景纸进行测光。

（4）根据测光结果调整好相机的ISO感光度、光圈、快门速度以及照片风格。根据笔者的经验，一般可将ISO感光度设定在100～200，快门速度为1/125秒上下，光圈为f/5.6～f/8。

（5）准备好拍摄全身用和拍摄半身用的镜头。

（6）调试计算机，以便随时检查拍摄效果。

此外，如果等模特到了以后才考虑本次拍摄的作品风格、一共拍多少张等细节问题的话，会白白浪费许多时间，所以这些问题也请事先考虑清楚。如果双方是初次合作的话，模特难免会感到拘谨，摄影师最好准备几个可以活跃气氛的话题，和模特聊天缓解一下现场紧张的气氛，使双方都能放松下来，全身心地投入拍摄中去。

■ 事先准备好要用到的器材

根据拍摄主题事先准备好相应的机身和镜头，同时调试好计算机以便随时检查拍摄效果。

■ 与模特的交流

如果双方是初次合作的话，模特难免会感到拘谨。这时我们不必急于进入主题，可以先和模特交代一下您这次想要的效果，准备如何实施等，让模特也有时间考虑如何配合您进行拍摄。根据笔者的经验，在拍摄女性和儿童时，多和她们聊天会使拍摄过程变得更加顺利，而男性则大多希望早点结束。

要点
- 拍摄结果的好坏有80%是由准备工作的完成度决定的。
- 拍摄前一定要做好万全的准备工作。
- 事先多准备一些可以活跃气氛的话题。

13 盲拍技巧

关键词： 盲拍　广角镜头

盲拍是指拍摄者用自己的双眼判断被摄者的大致位置后，不看取景器直接按下快门的一种拍摄方式。被拍摄的一方意识不到自己已经进入相机的取景范围，所以往往能够呈现其最为真实的一面。对于初次接触盲拍的朋友们，笔者建议可以用拥有大视野的广角镜头开始练习。

3 根据不同的对象及场景选择不同的拍摄技巧

● 拍摄儿童和宠物时推荐盲拍

设定值	曝光模式	快门优先	光圈	f / 2 . 8
	快门速度	1 / 1250s	曝光补偿	+1
	ISO	400　WB 自动　焦距	27mm	

当您不想让对方察觉到自己的拍摄意图，希望获得对方最为真实的一面时，不妨尝试一下盲拍。盲拍时拍摄者不盯着取景器，直接用双眼去观察，这使被拍摄的一方意识不到自己已经进入了相机的取景范围，所以被摄者往往处于十分放松的状态，拍摄效果也比较真实。拍摄时可将相机放在低位仰拍，也可以举过头顶进行俯拍，不管怎样都能得到非常有趣的结果，笔者认为这正是盲拍的最大乐趣。

对于初次接触盲拍的朋友们，笔者建议用拥有较大视野的广角镜头开始练习，这样可以尽可能完整地将被摄物体捕捉下来。在拍摄儿童和宠物时，由于他们的行动轨迹非常难以把握，最好开

场景篇

启相机的高速连拍功能。对于其他参数的设定，笔者建议将自动对焦模式设置为连续伺服自动对焦或者自动伺服自动对焦，AF区域模式设置为不规则运动模式，ISO感光度设定为ISO 400，曝光模式设置为快门优先并且快门速度不得慢于1/125秒。

■ 高速连拍

拍摄尽情玩耍的孩子时，我们永远无法预测孩子下一秒在干什么。所以笔者建议大家将相机的驱动模式设定为高速连拍，将孩子一系列的动作都拍摄下来，之后再慢慢进行筛选。

■ 盲拍实例

有些人一面对镜头就会变得紧张，而且越需要他们笑的时候他们越是笑不出来，表情显得极其不自然。在这和情况下，使用盲拍会使被拍摄的一方意识不到自己已经进入了相机的取景范围，所以被摄者往往处于十分放松的状态，面部表情也会更自然。

要点	● 盲拍是指不看取景器直接按下快门的一种拍摄方式。 ● 初次接触盲拍的朋友可以先从拥有较大视野的广角镜头开始。 ● 盲拍不会给被摄对象造成压力，能够拍出人物最为真实的一面。

14 拍摄动物的技巧

关键词：　快门优先模式　　AF自动对焦模式　　AF区域模式

> 　　拍摄高速运动中的动物时，往往很难清楚地将动物有趣的样子记录下来。这时可将曝光模式调整至快门优先，将快门速度设定为1/500秒或者更快，这样便有机会将它们奔跑的样子"定格"下来。如果配合高速连拍功能更能捕捉到动物们瞬间的神情。另外，当拍摄环境不够明亮时，可以通过提高 ISO 感光度来维持足够快的快门速度。但在室外拍摄时最好不要超过 ISO 1600，室内不要超过 ISO 3200。

● 用高速快门记录动物们瞬间的跃动

设定值　**曝光模式** 快门优先　**光圈** f/5.6　**快门速度** 1/800s　**曝光补偿** +3　**ISO** 800
WB 日光　**焦距** 157mm

　　拍摄以动物为主题的作品时，最大的难题就是动物们不会按照人的指示行动。为了清晰地捕捉到它们瞬间的动作和表情，相机的快门速度至少要达到1/500秒才

3
根据不同的对象及场景选择不同的拍摄技巧

场景篇

行。此外，很多动物都有好奇多动的天性，我们很难对它们的一举一动进行预测，所以最好将自动对焦模式设置为自动伺服自动对焦，AF区域模式设置为不规则运动模式。以上一页的照片为例，这是笔者在澳大利亚的某个公园里拍摄到的袋鼠。袋鼠的运动规律相对容易掌握，笔者为了捕捉到袋鼠跳跃到最高点的样子，使用快门优先模式将快门速度设定为1/800秒，同时开启连拍功能将这精彩的一刻记录了下来。

　　另外，当您在水族馆或是动物园的室内区域拍摄时，馆内的照明通常都不会太亮，所以快门速度也会随之变慢。这时可以通过提高相机的ISO感光度来维持足够快的快门速度，但根据笔者的经验，在室内拍摄时ISO感光度最好不要超过ISO 3200。

■ 失败的作品

左边这张图片是笔者使用光圈优先模式拍摄的在水槽中尽情遨游的企鹅。由于企鹅游速非常快，再加上馆内光线不足，导致快门速度只有1/60秒，画面看上去有些模糊。

■ 佳能

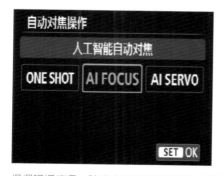

■ 尼康

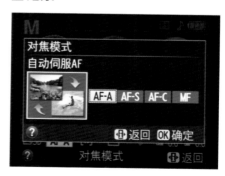

根据现场情况，随机应变地选择合适的自动对焦模式以及AF区域模式。

要点	● 拍摄动物时相机的快门速度至少要达到1/500秒。 ● 在室内拍摄时可以通过提高相机的ISO感光度来确保足够快的快门速度。 ● 配合高速连拍功能一起使用。

15 动物园里的拍摄技巧

关键词： | 长焦变焦镜头 | 增距镜 |

在动物园里拍摄时，最烦人的就是围栏铁网等障碍物对动物们的遮挡了。此时我们可以利用长焦镜头的截取能力避开围栏的干扰。另外如果围栏间隙不太密的话，拍摄时可以把镜头伸进围栏间隙之中，而如果遇到的是网眼特别密集的铁丝网时，可以使用长焦镜头配合大光圈将围栏虚化。一般来讲，携带一枚70～200mm的长焦镜头以及一个增距镜便能够应对大部分的场景了。

● 长焦距 + 大光圈 = 对围栏说再见

相信大家在动物园里拍摄时，一定都遇到过想要拍摄的动物被周围的围栏、铁丝网等遮挡住的问题。为了能够拍摄出更加干净简洁的作品，我们需要想办法尽量避开那些多余的景物。首先，如果围栏间隙不太密的话，我们可以把镜头伸进围栏间隙之中，或是利用长焦镜头的剪裁效果直接避开围栏的干扰。但是遇到网眼特

设定值

曝光模式	光圈优先
光圈	f/10
快门速度	1/250s
曝光补偿	+0.7
ISO	400
WB	日光
焦距	375mm

别密集的铁丝网时这个办法就行不通了，此时我们可以尽量靠近铁丝网并将镜头伸长至最大焦距，然后在光圈优先模式下开大光圈，最后将焦点对准您要拍摄的动物便可成功地将铁丝网虚化掉了。

一般来讲，拍摄时携带一枚70～200mm的长焦镜头以及一个增距镜（×1.4、×2.0）便能够应对大部分的场景了。在拍摄特别活泼好动的动物时，可以提前判断动物可能停留的区域并事先对此位置进行对焦，待动物进入该区域后便立即按下快门。此外，我们还可以借助长焦镜头的剪裁功能将某些动物独有的特征拍成一张有趣的作品。例如本页右边的图例便是笔者截取长颈鹿身上的花纹，拍出的一幅抽象感十足的作品。

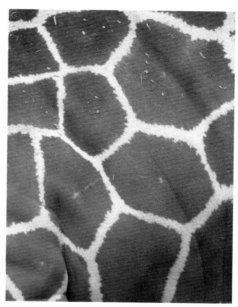

■ 使围栏消失的方法

上图中的小鸟实际上是生活在动物园的鸟笼里的。拍摄时笔者尽量靠近鸟笼的围栏并且将镜头焦距伸长至200mm，光圈开到最大的f/4，然后对笼中的小鸟进行对焦，成功地将围栏虚化掉。

■ 借助长焦镜头将某些动物独有的特征拍成一张有趣的作品

拍摄时笔者突发奇想，决定用长焦镜头截取长颈鹿身上的一片花纹看看究竟会得到什么样的效果。结果没有令笔者失望，下次想再用这种方法去拍摄大象。

<table>
<tr><td rowspan="3">要
点</td><td>● 如果围栏间隙不太密的话可以利用长焦镜头的剪裁功能避开围栏的干扰。</td></tr>
<tr><td>● 如果是网眼非常密集的铁丝网，可以使用长焦镜头并配合大光圈虚化掉前景的围栏。</td></tr>
<tr><td>● 利用长焦镜头截取动物身上的特征也可以获得十分有趣的作品。</td></tr>
</table>

3

根据不同的对象及场景选择不同的拍摄技巧

场景篇

利用预对焦的方法拍摄移动速度快的物体

关键词： 预对焦　连拍功能

在拍摄移动速度快但移动规律又相对容易掌握的被摄物体时，可以事先对某个选定的区域进行对焦，同时开启相机的高速连拍功能，待被摄对象进入合焦范围后便将其捕捉下来。拍摄时通常需要将快门速度设定为1/500秒或更快。为了提高成功率，还可以适当地缩小光圈，扩大画面的合焦范围，这样即使被摄物体的位置稍微偏离一些也能将其清晰记录下来。

● 事先对被摄物体可能出现的位置对焦

设定值　曝光模式 快门优先　光圈 f/11　快门速度 1/1250s　曝光补偿 +1.7　ISO 400　WB 日光　焦距 55mm

预对焦是指在拍摄前预先判断被摄物体可能出现的位置，并对这个区域进行对焦，待被摄物体进入合焦范围时立即按下快门的一种非常规拍摄手法。由于等待时间长短的不确定性，使用这种方法时最好配合使用三脚架以及快门线。

　　上一页的图片是笔者在海洋馆观看海豚表演时拍摄的照片。笔者为了能够捕捉到海豚跃出水面，上升到最高点的那一瞬间，事先将焦点对在了升降台上。由于背景和海豚的颜色反差很大，所以将曝光补偿设定为+1.7，快门速度设定为1/2500秒并且开启了连拍功能。待海豚出现在既定位置时笔者及时地按下快门，将这精彩的一刻记录了下来。虽然海豚跳跃的动作可以被预测，但是具体能跃到多高就不得而知了。因此笔者将光圈缩小至f/11，扩大画面的合焦范围，这样即使海豚出现的位置稍微偏离焦点一些也能将其清晰记录下来。另外将光圈缩小的理由还有一个，就是使现场环境也能尽可能清楚地被拍下来。

■ 利用预对焦拍摄行驶中的汽车

将相机架在三脚架上，事先对道路上的某一点进行对焦。图中的汽车是笔者拜托朋友驾驶的，为了配合拍摄故意行驶得很慢，所以将快门速度设定为1/160秒便足够了。若您拍摄正常行驶的车辆，快门速度至少要达到1/1500秒。

要点	● 利用预对焦的方法可以清晰地拍摄到移动速度快的物体。 ● 为了提高拍摄成功率可以适当地缩小光圈。 ● 开启连拍模式。

17 拍摄夜景的注意事项

关键词： | 三脚架 | 长时间曝光降噪功能

三脚架是拍摄夜景必不可少的一个重要道具。在挑选三脚架时，三脚架的**最大承重量要与所架设的器材相匹配**，承重能力不足的话轻微的震动也会使照片模糊。开启相机的反光镜预升功能，使用快门线等可以进一步保持相机的稳定。需要注意的是，使用三脚架拍摄时，请关闭镜头的防抖功能以及相机的长时间曝光降噪功能。

● 三脚架是拍摄夜景必不可少的重要道具

近年来，随着新技术的不断出现，数码单反相机的高感光度拍摄能力也得到了迅猛发展，拥有 ISO 25600、ISO 51200 等超高感光度的相机不在少数，这使得手持拍摄变得越来越轻松。但是这并不意味着我们已经可以完全消灭噪点，三脚架仍旧是拍摄夜景时的不二选择。在使用三脚架前，一定要先确认清楚三脚架的最大承重量与所架设的器材重量是否匹配，三脚架的承重能力不

设定值

曝光模式 手动模式
光圈 f/9
快门速度 30s
ISO 100
WB 日光
焦距 65mm

足的话，哪怕是轻微的震动也会使照片模糊。此外，当您使用三脚架拍摄时，留意以下几点也能够帮助减少震动的出现。首先是开启相机的反光镜预升功能，此功能可有效避免按下快门时反光镜向上翻动产生的细微震动。其次是使用快门线，道理基本同上。第三是关闭相机的长时间曝光降噪功能以及镜头的防抖功能。长时间曝光降噪功能虽然可以减少噪点，但处理的时间会比较长，在拍摄转瞬即逝的景物时可能会因此错过最佳拍摄时机。镜头的防抖功能是针对手抖动现象的，在三脚架上启用该功能反而会出现矫枉过正的情况。

　　另外需要注意的是，夜景中的某些被摄物体明暗对比十分强烈，在曝光时要时刻留意有无高光溢出现象。例如上一页的作品，在对工厂进行长曝光拍摄时就需要留意从烟囱里冒出的烟雾是否存在高光溢出的情况。此外有些机型在长曝光拍摄时将长时间曝光降噪功能关闭反而效果更好，最好两种情况都尝试一下再挑选您认为满意的一张。

■ 遮挡环境中多余的光线

在夜晚拍摄时，相机经常会受到路灯或车灯等多余光线的干扰。遇到这种情况，可用厚一点的纸遮挡住那些额外的光照。左图就是笔者遮挡住头顶上路灯光照后拍摄的作品。

■ 笔者用纸进行了简单的遮挡

要点

● 三脚架是拍摄夜景时必不可少的重要道具。

● 使用三脚架拍摄时，请关闭镜头的防抖功能以及相机的长时间曝光降噪功能。

● 拍摄对比度高的景物时需要留意有无高光溢出情况发生。

18 利用手电筒辅助对焦

关键词： 手电筒 　 MF

在照明环境差的场所拍摄时，可使用手电筒或头戴式照明灯照亮被摄物体，辅助相机对焦。在弱光环境下相机的自动对焦系统会不太好用，最好将对焦模式切换至手动，同时配合使用三脚架。另外，在操作过程中为了不让自己或相机的影子出现在画面中，请时刻注意光线照射的角度。

● 手电筒也能发挥大作用

相信很多朋友都会发愁如何在光线不足的场所对景物进行对焦，所以笔者在本节和大家分享一些弱光下的拍摄技巧。

首先，由于周围光线不足导致相机的曝光时间变得很长，所以一定要准备三脚架。其次，在弱光环境下，相机的自动对焦系统会不太好用，最好将对焦模式切换至手动。最后也是最为关键的一点，就是利用手电筒或者头戴式照明灯等照明工具对被摄物体进行照明，然后用实时取景功能将画面放大，仔细确认合焦情况。

另外，当您需要在洞窟或是夜晚的森林等伸手不见五指的场所拍摄时，可以一边转动手电筒一边使用长曝光功能。上一页的图例便是笔者用手电

设定值 ｜ 曝光模式 光圈优先 ｜ 光圈 f/10 ｜ 快门速度 8s ｜ 曝光补偿 ±0 ｜ ISO 400 ｜ WB 日光 ｜ 焦距 14mm

筒对桥的内侧进行均匀照明之后拍摄的作品。使用上述方法拍摄时有一点需要大家格外注意，那就是不要让自己或相机的影子出现在画面中，所以在照明时请时刻注意光线照射的角度。

■ 使用头灯照明完成的长曝光摄影作品

笔者使用登山用的头灯将洞窟内部照亮，在经历了长达10秒的曝光之后清楚地将洞窟内的样子拍了下来。在照明时，一定要使头灯做匀速转动。

■ 笔者使用的头灯

相比手电筒，笔者更推荐大家使用头灯。因为佩戴头灯可以解放我们的双手，从而专注于操作相机。

<table>
<tr><td rowspan="3">要
点</td><td>● 在光线不足的环境拍摄时，可利用手电筒 +MF 进行对焦。</td></tr>
<tr><td>● 注意手电筒光线照射的方向，以免让自己的影子混入画面。</td></tr>
<tr><td>● 一边转动手电筒一边使用长曝光功能进行拍摄。</td></tr>
</table>

拍摄光轨的技巧

关键词： 长曝光拍摄　　三脚架　　快门线

　　当夜幕降临，在绚烂的霓红灯下整个城市都变得暧昧起来。此时此刻，我们可以利用长曝光摄影将这五光十色的精彩世界转换成充满动感的奇妙光轨记录下来。由于长曝光拍摄到的影像与肉眼真实所见的景色有所不同，所以在拍摄前请根据光线的方向、颜色以及明暗程度，提前构思您想要实现的拍摄效果。笔者认为拍摄光轨作品的重点在于照片中一定要有静止的景物存在，从而和光轨形成对比。

● 充满流动感的光的艺术

设定值　曝光模式 光圈优先　光圈 f/16　快门速度 30s　曝光补偿 ±0　ISO 100
WB 日光　焦距 21mm

　　光轨无疑是夜景摄影中十分独特的一个题材，只要是有移动光源的地方，不论

3

根据不同的对象及场景选择不同的拍摄技巧

场景篇

车水马龙的街道，还是起降繁忙的机场，都可以用长时间曝光技术转换为动感的奇妙光轨。由于长曝光拍摄的影像与肉眼真实所见的景色有所不同，所以在拍摄前要先观察好地形和背景，然后根据光线的方向、颜色以及明暗程度，提前构思您想要实现的拍摄效果。

为了着重强调光的动态效果，在拍摄光轨作品时画面中一定要有静止的景物存在。以上一页的图片为例，笔者用f/16的光圈将光轨以外的其他景物都十分清晰地保留下来。另外，根据周围的光线情况以及光源的移动速度，具体的曝光时间往往是不确定的。一般将曝光时间设定在10秒～30秒便可以满足绝大多数场景的需求了。

■ 利用长曝光拍摄的观览车

当您希望将夜晚的观览车变成美丽的光轨时，三脚架、快门线以及反光镜预升功能一个都不能少。此时的观览车仿佛一个旋转的轮盘，是难得一见的光的美景。

■ 三脚架与快门线

为了不让快门线在起风时四处飞扬，笔者将其卷在了三脚架上。

> **要点**
> ● 利用长曝光技术表现光的流动性。
> ● 三脚架、快门线以及反光镜预升功能一个都不能少。
> ● 将曝光时间设定在 10 秒～ 30 秒便可满足绝大多数场景的需求。

20 如何拍摄令人胃口大增的美食作品

关键词：　侧逆光　　90°侧光　　光圈

拍摄美食时，使用侧逆光和90°侧光可以使其看上去更加鲜嫩多汁，令人不由得胃口大增。用大光圈拍摄出来的美食往往看上去让人更有食欲，而用小光圈拍摄则多起到说明介绍的作用。

● 利用侧逆光·90°侧光将美食拍摄得更美味

在评价美食类摄影作品时，经常会用到"美味"这个词。如果有人看到您拍摄的美食后发出"看起来很好吃的样子""在哪里可以吃到啊"之类的感叹，这不仅是对厨师的褒奖，也是对您摄影技术的一种肯定。那么我们如何才能将美食拍摄得令人食欲大增呢？

设定值

曝光模式	光圈优先
光圈	f/4
快门速度	1/125s
曝光补偿	±0
ISO	100
WB	日光
焦距	65mm

3

根据不同的对象及场景选择不同的拍摄技巧

场景篇

首先是选择适合的光线。笔者认为侧逆光和90°侧光是最适合拍摄美食的光照条件。其中侧逆光是指从被摄物体的斜后方照射过来的光线，兼具逆光与侧光两种光线的特征。90°侧光则是指从拍摄主体正侧方照射过来的光线。在这两种光线的照射下，肉类和汤类美食看上去泛着油光，蔬菜类美食则显得十分新鲜，不经意间便勾起人们的食欲。

其次是对光源的选择。笔者建议大家最好使用能使食物的颜色更加真实的自然光拍摄。如果以闪光灯作为光源的话，请不要将闪光直接打到食物上，最好利用反射闪光的方法借助墙壁或天花板将闪光反射到食物上。

最后要说明的是光圈对照片效果的影响。用大光圈拍摄可使焦外部分柔和虚化，突出美食的质感，通常被用在美食杂志的封面上。使用小光圈拍摄则可以使画面全体合焦，重点在于向观众说明食物种类，多被用在餐厅的菜单里。

■ 起到说明作用的图例

为了使食客们能够清楚地看到所有的菜品，笔者从比较高的位置拍下了这幅作品。在拍摄菜单等说明类的作品时，最好使用小光圈来拍摄。

■ 令人食欲大增的图例

笔者将焦点合在牛排淋到酱汁的部分，虚化掉背景里面的配菜，使观众的注意力全部集中到了牛排上面。

要点	● 侧逆光和 90°侧光最适合拍摄美食作品。 ● 用大光圈拍摄出来的菜肴看上去更美味。 ● 用小光圈拍摄菜肴更多起到说明介绍的作用。

21 如何拍摄出带有现场感的作品

关键词： | 构图 | 预对焦

拍摄车船等交通工具时，相比拍摄车或船的全貌，只截取其中的一部分更能使作品带有强烈的现场感。在构图时要考虑到画面整体的平衡，不只被摄物体本身，对背景的情况也要十分注意。此外，在拍摄交通工具时预对焦的方法很好用。

3

根据不同的对象及场景选择不同的拍摄技巧

拍出能使观众产生身临其境之感的作品

设定值 | 曝光模式 光圈优先 | 光圈 f/11 | 快门速度 1/250s | 曝光补偿 ±0 | ISO 400
WB 日光 | 焦距 28mm

场景篇

在一段旅途当中，最令人兴奋的莫过于乘车或乘船前往下一个目的地的旅程了，如果您希望将自己乘坐的交通工具记录下来，相比拍摄车或船的全貌，只截取其中的一部分更能使作品产生强烈的现场感。例如上一页笔者站在船头拍摄的这幅山水作品，不仅拍下了大自然绚丽多彩的美景，同时截取了船头的一小部分，瞬间使画面产生了现场感。还有本页的这两幅作品，相比右边的画面，左边的场景是不是更容易使您产生身临其境的感觉呢？

需要注意的是，在构图时如果只关注交通工具本身而忽视对背景的选择，会打破画面的平衡使照片失去美感。例如拍摄上一页的作品时需要留意湖面的线条是否保持水平，拍摄本页的作品为了不切断桥面需要用24mm的广角镜头。此外，拍摄交通工具时也可使用预对焦的方法。拍摄汽车或者自行车时，预测车辆可能经过的位置并事先对此处进行对焦，便可不用考虑背景情况，集中精力拍摄被摄物体本身了。

■ 构图时只截取交通工具的一部分

在右边的图例中，骑手以及赛车全都被拍进了画面。虽然它也是一幅不错的作品，但是由于拍摄者和被摄者之间的关联性不强，所以画面缺乏足够的现场感。而左边的画面只截取了人和车的一部分，拉近了二者之间的联系，所以左边的画面更容易使人产生身临其境的感觉。

<table>
<tr><td rowspan="3">要点</td><td>● 拍摄车船等交通工具时，只截取其中的一部分更能使作品产生强烈的现场感。</td></tr>
<tr><td>● 构图时对于背景的情况也要十分注意。</td></tr>
<tr><td>● 在拍摄交通工具时可使用预对焦的方法。</td></tr>
</table>

22 强调被摄物体明暗与质感的黑白摄影

关键词： 黑白摄影 | 高光部分 | 阴影部分

黑白摄影通过调节影调的明暗来表现作品的主题，所以在拍摄时一定要控制好曝光，防止画面出现高光溢出或暗部缺失的现象。用数码单反相机拍摄黑白作品的方法主要有两种。一种是拍摄时将照片风格设置为单色，另一种是使用RAW格式拍摄，然后通过后期处理降低画面的色彩饱和度。拍摄黑白作品时，重点在于寻找被摄物体中"形""线""明暗""光"以及"质感"这五种要素。

● 黑白摄影中的被摄对象观察法

设定值 曝光模式 光圈优先 | 光圈 f/14 | 快门速度 1/125s | 曝光补偿 ±0 | ISO 200
WB 日光 | 焦距 30mm

用数码单反相机拍摄黑白作品的方法主要有两种。一种是拍摄时将照片风格设置为单色模式，另一种是使用RAW格式拍摄，然后通过后期处理降低画面的色彩饱和度。本节笔者主要为大家说明使用单色模式拍摄黑白作品的技巧。

笔者最开始接触摄影是从黑白胶卷时代开始的。因为没有色彩的干扰，黑白摄影最能刺激我们的想象力，表现出物体最为纯粹的一面。之前笔者已经为大家详细介绍过如何寻找被摄物体之中"形""线""色""光"四种要素，黑白作品中"色"只剩下黑白灰三种，所以表达作者情感、叙说作品主题的重任就落在了影调的"明暗"变化上面。黑白摄影能使景物呈现出一种独特的"质感"，我们在表现古建筑、弯曲的花瓣、人物的皱纹的作品中常常可以感受到这种质感。另外需要注意的是，由于黑白摄影是通过调节影调的明暗来表现作品主题的，所以在拍摄时一定要控制好曝光，防止画面出现高光溢出或暗部缺失的现象。

■ 人物＋黑白＋侧光

在拍摄黑白作品时，现场的光线条件决定着作品的最终风格。例如使用45°侧光拍摄会使人物看上去更加立体，同时再配合大光圈虚化背景，便可得到一幅主题明确、质感丰富的作品了。

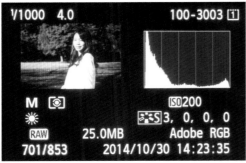

■ 直方图

拍摄后请通过直方图确认画面有无高光溢出或暗部缺失现象。

<table>
<tr><td rowspan="3">要点</td><td>●将照片风格设置为单色模式便可拍摄黑白作品。</td></tr>
<tr><td>●另一种方法是使用 RAW 格式拍摄，然后通过后期处理降低画面的色彩饱和度。</td></tr>
<tr><td>●拍摄后请通过直方图确认画面有无高光溢出或暗部缺失现象。</td></tr>
</table>

23 拍摄花卉的技巧

关键词：　　微距镜头　　最近对焦距离

　　微距摄影是拍摄花卉时常用的方法之一，最适合用来微距摄影的镜头非大光圈微距镜头莫属。如果您没有微距镜头也没关系，可以用光圈大且最近对焦距离短的镜头来代替。微距摄影时画面的景深通常都很浅，稍有晃动就会使照片模糊，所以拍摄时最好开启镜头的防抖功能。如果您想要对焦的部分超出了自动对焦的范围，可以将对焦模式切换为手动。

● 运用景深突出花卉的特点

　　微距摄影是拍摄花卉时常用的方法之一，最适合用来微距摄影的镜头非大光圈微距镜头莫属。在使用微距镜头拍摄时，我们可以将相机最大限度地靠近花朵，虚化周围的杂物，所以更容易突出花卉本身的特点。如果您手中没有微距镜头也没关系，也可以用光圈大且最近对焦距离短的标准变焦镜头或者定焦镜头来代替。例如本页的作品，笔者使

设定值

曝光模式	光圈优先
光圈	f/2.8
快门速度	1/3200s
曝光补偿	±0
ISO	400
WB	日光
焦距	60mm

用变焦范围为24～70mm的镜头，将焦距伸长至60mm，光圈开至f/2.8，成功地使被摄物体从背景之中浮现出来。将光圈开到最大时景深会变得很浅，稍有晃动照片就会模糊，所以拍摄时请记得开启镜头的防抖功能。如果您想要对焦的部分超出了自动对焦的范围，可以将对焦模式切换至手动。最后笔者要提醒大家的是，在顺光条件下注意不要将自己或相机的影子拍摄进去。

■ 失败的作品

在顺光条件下，过于靠近被摄物体的话，相机的影子可能会被收入到画面当中。如果当时没有其他更好的光照条件，必须在顺光下拍摄的话，您可以稍微向后移动一小段距离，然后伸长焦距拍摄。

■ 焦平面位置标记

镜头的最近对焦距离是指镜头能够使被摄物体合焦的最短距离，具体来讲就是从被摄物体焦平面到相机焦平面（感光元件）之间的最短合焦距离。请注意这个距离并不是从镜头前端开始计算的，而是从相机标有"Φ"符号的位置——相机焦平面开始计算的。

<table>
<tr><td rowspan="3">要
点</td><td>● 微距摄影是拍摄花卉时常用的技法之一。</td></tr>
<tr><td>● 微距摄影时画面的景深通常都很浅，照片容易模糊，所以拍摄时最好开启镜头的防抖功能。</td></tr>
<tr><td>● 光圈开到最大时景深会变得很浅，所以请开启镜头的防抖功能。</td></tr>
</table>

24 拍摄儿童的技巧

关键词： | 标准变焦镜头 | 微距模式

　　拍摄儿童时，选择一枚合适的镜头往往可以起到事半功倍的效果。笔者较为推荐的是既能拉近画面捕捉孩童天真烂漫的表情，又可通过广角端拍摄到现场状况的标准变焦镜头。除了一般的正面照、全身照以外，孩子肉乎乎的小手掌小脚丫同样值得我们拍摄留念。

3
根据不同的对象及场景选择不同的拍摄技巧

● 用标准变焦镜头拍摄孩子最天真无邪的表情

设定值 | 曝光模式 光圈优先 | 光圈 f/4 | 快门速度 1/125s | 曝光补偿 +1 | ISO 400
WB 日光 | 焦距 70mm

场景篇

　　儿童摄影是一个非常考验人的耐心的工作。因为根本无法控制孩子的行为，让他听话老老实实待着不动，或是让他学做某个可爱的表情等几乎是不可能的，所以摄影师只能迁就孩子的表现来拍摄。笔者建议大家在拍摄时使用标准变焦镜头，这样既能够拉近画面捕捉孩童天真烂漫的表情，又可以通过广角端拍摄现场热闹的场面。另外，除了一般的正面照、全身照以外，孩子肉乎乎的小手掌小脚丫也是我们拍摄的一种选择。

　　上一页的图例是笔者在一户人家做客时看到家中小宝宝嘴边粘满了饭糊，样子十分可爱，而拍下的有趣场面。在构图方面，笔者为了能够令小宝宝略显呆萌的表情得以清晰显示，将焦距伸长至70mm截取下小宝宝脸部的画面。在截取时，略微舍去头顶但保留整个下巴可以令宝宝的眼睛更接近画面的中央，使画面看上去更加自然。另外由于小宝宝的肌肤非常白皙明亮，拍摄时还加了一挡曝光处理。

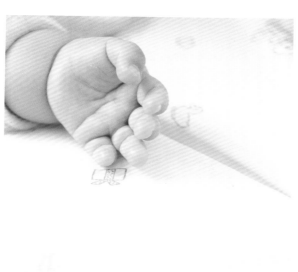

■ 孩子身体的其他部位同样也很有趣

拍摄时，笔者将焦点置于左上角孩子的小手上，并且虚化右下方的大片空间。为了更好地引导观众们的视线，还将被子上的卡通人物截取在画面对角线的右下角上。

■ 搭载微距模式的标准变焦镜头

使用带有微距模式的标准变焦镜头拍摄，可以使您的作品风格更加多变。

<table>
<tr><td rowspan="3">要
点</td><td>● 标准变焦镜头更合适用于儿童摄影。</td></tr>
<tr><td>● 孩子的手掌脚丫同样是我们拍摄的一种选择。</td></tr>
<tr><td>● 宁可将头顶从画面中截去也不截下巴。</td></tr>
</table>

25 拍摄彩灯的技巧

关键词： 长焦镜头 前景虚化

在大多数情况下，彩灯只是用来烘托夜晚气氛的背景。本节笔者将为大家介绍一种完全不同的拍摄手法，利用长焦镜头（100mm～300mm）穿过位于前景的彩灯，然后将光圈开至最大并对远处的另一组彩灯进行对焦，这样处于前景的那组彩灯就会被虚化成巨大的光斑，从而得到一幅充满抽象力的作品。对焦时最好使用手动对焦，并在拍摄后用液晶屏将画面放大确认是否准确合焦。

● 将相机设置在彩灯之中

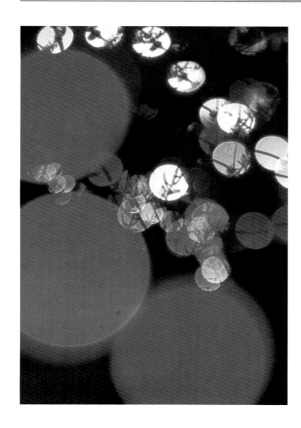

夜晚的彩灯很少被当作拍摄主体，通常都是用来装饰其他景物。本节笔者将为大家介绍可以将彩灯拍得神秘奇幻的摄影技巧。

笔者的方法需要现场至少有两组彩灯，一组位于前景，另一组在后面。拍摄时将焦点对在后一组彩灯上面，这样前景的彩灯就会被虚化成巨大的光斑，使画

设定值

曝光模式	光圈优先
光圈	f/5.6
快门速度	1/500s
曝光补偿	− 0.7
ISO	6400
WB	日光
焦距	300mm

面充满了想象力。在具体操作方面，首先要用三脚架将相机架置在距离前景彩灯非常近的位置，然后使用焦距为100mm～300mm的长焦镜头，利用手动对焦的方式对后面的一组彩灯进行对焦。光圈大小由您希望获得的虚化程度决定。为了使画面看上去更加奇妙，笔者通常将光圈开至最大。初次尝试的朋友可能不容易掌握距离的设置方法，所以拍摄前不妨先用自己的双眼去感受其中的奥妙所在。

有时突如其来的一阵风会打乱彩灯之间的平衡关系，如果能及时把握时机将其拍摄下来，同样不失为一幅奇妙的作品。

■ 失败的作品

左图是焦点位置选择失败的图例。笔者将焦点对在前景的彩灯上，使前景十分清晰而背景被虚化。虽然背景被虚化得很美，但是前景清晰的彩灯令画面失去了那种独特的神秘感。

■ 拍摄现场

如右图所示，在构图时要用三脚架将相机架置在距离前景彩灯非常近的位置。彩灯在发光时会变得很烫，如果需要调整彩灯位置的话，请不要直接用手去触碰，以免被烫伤。

> **要点**
> - 利用前景虚化的方法可以使彩灯变得神秘抽象。
> - 将相机架置在十分靠近前景彩灯的位置。
> - 使用长焦镜头，以手动对焦的方式来拍摄。

26 拍摄烟花的技巧

关键词： 对焦环 变焦环 曝光时变焦

本节笔者将为大家介绍两种特别的烟花拍摄技巧。一种是在相机曝光时转动对焦环使烟花的头部变得膨胀，宛如无数支射向靶心的箭。另一种是在相机曝光时转动变焦环使烟花呈放射状四散而去。

● 拍摄不同风格的烟花表演

设定值 曝光模式 光圈优先 光圈 f/11 快门速度 1.3s 曝光补偿 ±0 ISO 400
WB 日光 焦距 400mm

烟花属于夜景中比较难拍的一个题材。因为烟花是一直处在动态的景物，其上升的高度、绽开的形状以及持续的时间等都具有很大的不确定性。此外拍摄时我们还必须考虑光圈、快门以及焦距的设定问题，如果经验不足的话很难拍出令人满意的效果。

3

根据不同的对象及场景选择不同的拍摄技巧

场景篇

本节笔者将为大家介绍两种特别的烟花拍摄技巧。一种是在相机曝光时转动对焦环，另一种是转动变焦环。关于设置，和拍摄一般的夜景一样，首先三脚架和快门线是必不可少的道具，另外将曝光时间控制在1秒～4秒，光圈略微开小一些。在镜头方面，最好选择长焦变焦镜头同时将对焦模式切换为手动。接下来是大家非常关心的实际效果问题了。曝光时转动对焦环的话，烟花会从合焦变成失焦，烟在炸开时头部发生膨胀，宛如无数支射向靶心的箭一般，具体效果可参见上一页的图例。另一种方法是曝光时转动变焦环，镜头焦距的瞬间改变会使图片中的烟花呈放射状向周围飞散而去，如本页的图例所示。需要注意的是，操作时不管使用哪种方法都请小心地转动，用力过猛会使相机发生抖动从而导致烟花的轨迹变得凌乱不堪。

■曝光时变焦

左图是笔者在相机曝光时转动变焦环，瞬间将焦距从189mm缩短至70mm后拍摄到的画面。向周围飞散的烟花看上去仿佛正在开屏的孔雀一般美丽。

场景篇

| 要点 | ●相机曝光时转动对焦环会使图片中的烟花在炸开时头部发生膨胀。
●曝光时转动变焦环会令烟花呈放射状向周围飞散。
●镜头方面推荐使用长焦变焦镜头。 |

摄影师一生的伙伴——摄影包

　　不论国内还是国外，每当笔者需要携带大量器材外出取景时，总会带着自己使用多年的漫游家（Globe-Trotter）旅行箱。虽然笔者的行李好多都是大家伙，像是三脚架、登山用品、替换的厚衣物等，但是由于这款旅行箱的自重非常轻，所以即便装满了行李推起来也不会觉得累。

　　在背包方面，笔者现在使用的是乐摄宝（Pro Trekker）系列的登山型摄影包。这款背包不仅容量大，小口袋多，而且还具备一定的防水能力，非常适合长期在户外拍摄的笔者使用。如果不是出远门，只是去附近随便拍点什么，笔者还有一个小型的摄影包，大小刚好能够装下一机两镜，相信这种背包也是大多数摄影爱好者的常规装备。

　　笔者对待这些箱包就像对待自己摄影道路上"一生的伙伴"一样，不仅使用时十分爱惜，使用完毕还会及时对它们进行打理。相比频繁更换不同的产品，笔者更希望拥有一个做工精致、质量上乘的摄影包，能在漫长的摄影之路上陪伴笔者一路前行。

左图是乐摄宝（Pro Trekker）系列的登山型摄影包。这款背包最大的特点是具备一定的防水能力，对于长期在户外拍摄的笔者来说非常的便利。

上图是笔者的漫游家（Globe-Trotter）旅行箱。这款旅行箱不仅容量大，而且自重非常轻，是笔者的最爱之一。

笔者的一个小型的摄影包，大小刚好能够装下一机两镜，在街拍时常常会用到。

第4章　**4** 了解并掌握各种镜头的详细特征

01 画幅与镜头之间的对应关系

关键词： 感光元件　全画幅　APS-C画幅

> 数码单反相机根据感光元件尺寸的大小可分为全画幅相机和非全幅相机。其中非全幅相机又可细分为 APS-H 画幅、APS-C 画幅等。全画幅和非全幅相机对应的镜头是不同的，如在全画幅的相机上使用 APS-C 画幅专用镜头的话画面四周会出现暗角，在 APS-C 画幅的相机上使用全画幅的镜头时需要乘以 1.5 倍的焦距转换系数。

4

了解并掌握各种镜头的详细特征

● 画幅与镜头之间的对应关系

使用数码单反相机拍摄最大的乐趣就是可以自由地更换镜头，但是如果您使用与相机不配套的镜头，这份乐趣将会大打折扣，甚至导致作品拍摄失败。那么相机与镜头之间到底存在着什么样的关系呢？

在浏览摄影论坛时我们经常可以看到这两个词：全画幅相机和非全幅相机。数码单反相机是从胶片单反相机进化而来的，二者在光学原理方面几乎完全一样，不同的主要是相机记录光的方式，它由原来的胶片变成了现在的电子感光元件，全画幅和非全幅指的就是感光元件的尺寸大小。全画幅相机感光元件的尺寸与传统 35mm 胶片相机的尺寸相同，即 24mm×36mm，其他感光元件尺寸小于 35mm 胶片相机的即为非全幅相机，它们又可再细分为 APS-C 画幅和 APS-H 画幅相机。不同画幅的相机能记录下的画面尺寸是不同的。例如我们将焦距为 24mm 的广角镜头，分

镜头篇

■ 佳能系列

"EF"系列镜头适用于佳能的全画幅相机以及佳能旗下其他所有画幅的相机，而"EF-S"系列则专属于佳能的 APS-C 画幅相机。

■ 尼康系列

尼康全画幅相机镜头以"FX"命名，APS-C 画幅的镜头则以"DX"命名。

别安装在不同画幅的相机上拍摄同一个物体，全画幅相机能够拍摄出原本的广角视角，而APS-C画幅相机由于感光元件尺寸偏小，需要乘以1.5倍的焦距转换系数，焦距相当于被拉长至36mm，视角已经接近标准焦距的范围了。为了给使用APS-C画幅相机的用户带来更好的拍摄体验，各厂家分别推出了APS-C画幅相机的专用镜头以区别于原来的全画幅镜头，并予以不同的命名。例如，佳能公司旗下用于全画幅相机的镜头被命名为"EF"系列，用于APS-C画幅的则被命名为"EF-S"系列。而尼康则是"FX"系列和"DX"系列。此外像适马、腾龙、图丽等厂家也都有各自的命名方式，在购买镜头时一定要多加留意。

另外需要注意的是，在全画幅相机上是无法使用APS-C镜头的，但APS-C画幅相机可以使用所有的全画幅镜头，只是焦距会相当于全画幅时的1.5倍（佳能镜头为1.6倍）。

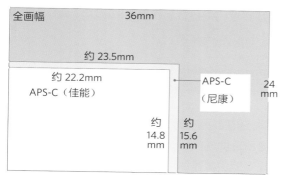

■ 全画幅与APS-C画幅的尺寸比较

左图是全画幅相机与APS-C画幅相机感光元件尺寸大小的示意图。各个画幅的相机均有自己专属的镜头群，在购买前一定要确认清楚。

■ 其他镜头厂商对各自镜头的命名方式

除了佳能和尼康两大巨头之外，适马、腾龙、图丽等镜头生产厂商也都对各自的镜头有不同命名方式。例如腾龙的"Di II"系列镜头是专门为APS-C画幅相机设计的，大家在购买时一定要仔细留意。

要点
- "EF"系列镜头适用于佳能的全画幅相机，"EF-S"镜头则专属于APS-C画幅相机。
- 尼康全画幅相机镜头以"FX"命名，APS-C画幅的则以"DX"命名。
- 根据自己相机的画幅情况选择与之相对应的镜头。

02 根据自己想要拍摄的内容选择不同种类的镜头

关键词： 　变焦镜头　　特殊镜头

4

了解并掌握各种镜头的详细特征

　　使用数码单反相机的最大乐趣就在于我们可以根据不同的场景选择不同类型的镜头进行拍摄。例如在拍摄风景、建筑物等强调空间透视感的场景时选择广角镜头。希望拍摄出照片效果十分接近人眼视觉印象的作品时选择标准变焦镜头。想要截取下风景中最迷人的一部分或是将远处的运动员放大拍摄的话，使用长焦变焦镜头。此外还有专门拍摄特写作品用的微距镜头等。

● 选择一款可以表达自己想法的镜头

　　如今相机更新换代的速度非常之快，可能您刚把新买来的相机用熟，其下一代机型就又上市了。相比机身，镜头的更新速度就没那么快了，不过一支好的镜头价格往往都要上万元，所以使用有限的几支镜头覆盖尽可能广的焦段是大部分摄影爱好者的共同诉求。目前单反相机常用的镜头有广角变焦镜头、标准变焦镜头、长焦变焦镜头、各种定焦镜头以及鱼眼、微距等特殊镜头。一般将焦距为10mm～30mm的镜头定义为广角镜头，30mm～70mm的镜头定义为标准焦距镜头、70mm以上的镜头定义为长焦镜头。在购买镜头时，请您根据自己经常拍摄的题材、预算以及升级器材时镜头的兼容性等情况挑选最符合自己需要的镜头吧。

■ 广角镜头

广角镜头适用于拍摄风景、建筑、集体照等场合，当您希望画面的成像范围广，可以令观众体验到强烈空间透视效果时也可以选择使用广角镜头进行拍摄。由于广角镜头的某些光学特性会让画面周围出现畸变现象，所以在拍摄完成后一定要立即进行检查。

■ 标准焦距镜头

通常我们将焦距为50mm的镜头定义为标准焦距镜头，但焦距在30mm～70mm范围内的镜头都可被称为标准镜头。使用标准焦距镜头观察被摄物体时，其效果最接近人眼看到的真实效果，所以此镜头经常被用于拍摄人物、静物以及风景等。

■ 长焦镜头

长焦镜头通常是指焦距在70mm以上的镜头。其中70mm～100mm焦段的镜头适合拍摄人物、菜肴、花海等，200mm～300mm焦段的镜头能够截取下风景中最美的部分或是将远处的运动员放大拍摄下来。

■ 微距镜头

使用微距镜头可对微小的物体进行放大成像，放大效果从1/2倍～1倍不等。由于微距镜头能够完美地展现出肉眼无法观察到的奇妙微观世界，所以经常被用来拍摄花朵或昆虫等微小生物。

■ 鱼眼镜头

鱼眼镜头有非常大的视角，甚至超出了人眼能看到的正常范围，所以画面中被摄物体的形状与我们平常看到的景象完全不同。鱼眼镜头这种特点经常被用来夸大景物的某些特征，尤其拍摄人物时往往会令人忍俊不禁。

要点	● 广角镜头可以表现画面的空间透视感，长焦变焦能够将远处的景物截取下来。
	● 利用标准焦距镜头观察到的景物效果最接近人眼看到的实际效果。
	● 鱼眼和微距镜头能够极大地丰富我们的创作空间。

03 光圈与成像

相机的成像效果会随着光圈的改变而大为不同。光圈越大，画面中焦点以外部分的虚化程度就越大，光圈越小则画面的合焦范围就越大，成像也变得更加清晰锐利。另外镜头的最大光圈越大，其在光线不足的环境中拍摄能力就越强，画面的虚化程度越大，价格往往也更加昂贵。

4

了解并掌握各种镜头的详细特征

● 体验大光圈带来的虚化魅力

镜头的光圈通常用"f/ + 数字"来表示，例如我们经常见到的 f/2.8、f/4 等。最大光圈则是指光圈能够开放到的最大限度。改变光圈的过程其实就是在调整光圈的开阖程度，从而影响射入镜头光量的多少。光圈值越小则光圈越大，射入镜头的光量也就越多，反之光圈值越大光圈越小，射入镜头的光量就越少。另外光圈的大小还影响着画面的清晰程度。光圈越大，焦点以外部分的虚化程度就越大，相反光圈越小则画面的合焦范围越大，成像也更加清晰锐利。所以希望拍出主体清晰、背景虚化的作品时，就要选择光圈值小（f/1.4、f/1.8、f/2.8 等）的镜头。另外，大光圈

镜头篇

■ 标注在镜头上的光圈值

镜头的光圈值通常会被标注在镜头的最前端。例如左图中红圈内的数值即为该镜头的光圈值，其意义为：当镜头位于广角端（焦距 18mm）时，该镜头的最大光圈为 f/3.5，当镜头处于长焦端（焦距 55mm）时，最大光圈为 f/5.6。

镜头除了有出色的虚化能力以外，在拍摄夜景时也有着出色的表现，但价格往往也更加昂贵。

　　近年来随着技术水平的不断提高，相机的高感光能力也在不断变强，在光线不足的环境下拍摄，只需提高相机的ISO感光度便可轻松完成拍摄。所以如果您不那么在意画面的虚化效果的话，选择最大光圈为f/4的镜头足矣。

■ 使用f/2.8拍摄的作品

拍摄上图时笔者将光圈开至最大的f/2.8并将焦点对在了正中间的花上面。结果是使背景出现大幅虚化，同时将观众的视线吸引到花儿身上。使用大光圈拍摄不仅可以起到突出主体的作用，有时还可以为现场营造出更为柔和的氛围。

■ 使用f/16拍摄的作品

笔者将光圈缩小至f/16后背景开始变得清晰，这时的画面看上去杂乱无章，观众也难以领会到作者的拍摄意图。

要点

● 光圈越大焦点以外部分的虚化程度就越大。
● 光圈越小则画面的合焦范围越大，成像也更加清晰锐利。
● 大光圈镜头在拍摄夜景时同样有着出色的表现。

镜头篇

04 定焦镜头与变焦镜头

关键词：　　定焦镜头　　变焦镜头

变焦镜头的最大优点是只需一枚镜头便能覆盖很广的焦段，尤其是焦距可从广角覆盖到长焦的高倍率变焦镜头，在需要携带大量行李外出的情况下显得尤为便利。虽然变焦镜头已经成为时代的主流，但是定焦镜头凭借其优秀的成像能力以及大光圈带来的完美虚化效果依旧俘获了不少摄影爱好者的芳心。

● 定焦镜头与变焦镜头各自的长处

"定焦"二字的含义是指镜头焦距固定不变。使用定焦镜头拍摄时，若感觉焦距不合适需要调整，拍摄者必须来回移动脚步才能找到最合适的拍摄距离。定焦镜头在操作方面虽然不是十分方便，但是在成像方面一般会优于变焦镜头，而且定焦镜头的最大光圈通常都很大，可以带来更为优秀的虚化效果。如果您对图像质量有较高的要求同时又对大光圈有很强的兴趣的话，定焦镜头是您最佳的选择。

在了解了定焦镜头之后，变焦镜头的含义就不难理解了。变焦镜头是焦距可在设定范围内来回切换的一类镜头，需要改变焦距时转动镜头上的变焦环即可。焦距可从广角覆盖到长焦的高倍率变焦镜头，甚至能帮我们实现"一镜走天下"。笔者

■ 使用定焦镜头拍摄的作品

左图是笔者使用焦距为100mm的定焦镜头拍摄的人像作品。因为定焦镜头的光圈普遍都很大，所以非常适合在光照条件差的室内拍摄。

去各地取景时，变焦镜头的这个优势使行李着实轻了不少。

　　现在笔者外出拍摄时常备的是一支广角变焦镜头、一支标准变焦镜头以及一支长焦变焦镜头，此外会根据拍摄内容的需要携带微距、旁轴、鱼眼、广角定焦镜头中的一种或几种。

■ 使用变焦镜头拍摄的作品

左上图是用镜头广角端拍摄的图像，下图是将焦距伸长至200mm对红框区域内的景物拉近放大后得到的影像。变焦镜头凭借其焦距可变的优势使作品的风格变得更加丰富。

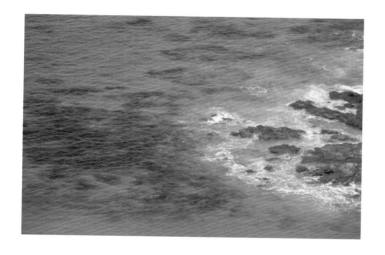

> **要点**
> ● 定焦镜头具有优秀的成像能力。
> ● 变焦镜头可丰富作品的变化。
> ● 高倍率变焦镜头可大幅减轻行李的重量。

05 焦距与空间效果

关键词：　广角镜头　　长焦镜头　　压缩效果

当我们使用不同焦距的镜头拍摄同一个物体时，照片效果会大为不同。广角镜头适合表现画面的空间透视感，长焦镜头能够使画面产生压缩效果，使远处的景物与近处的景物看起来尺寸相当。

● 广角镜头与长焦镜头对画面效果的影响

笔者为了比较不同焦距的镜头制造出的画面效果的差异，分别使用4种焦距的镜头拍摄了下面这4张图片。同时为了使画面中被摄对象（女性）的大小不变，在

■ 17mm

■ 35mm

■ 70mm

■ 200mm

拍摄时相机与被摄对象之间的距离会随着焦距的改变而改变。通过对比可以发现，使用广角镜头拍摄时背景十分宽阔，镜头焦距越长背景的范围越窄，我们可以从中得出以下结论：广角镜头更适合用来表现画面的空间透视感，并且焦距越短这种感觉就越明显，观众认为的照片中近景和远景之间的距离要大于实际中的距离。另一方面，长焦镜头可以令画面产生压缩效果。所谓压缩效果，就是消除了远、近被摄物体之间的距离感，使远景与近景看起来尺寸相当。例如上一页笔者使用200mm焦距拍摄的影像便是压缩效果的一个实例，右下图中女性与背景之间的距离看上去明显要比其他三幅显得近。另外在拍摄太阳或月亮时，也可利用压缩效果为画面带来奇妙的氛围。

■ 压缩效果

笔者利用长焦镜头的压缩功能使天边的太阳、远处的富士山以及眼前的冲浪者汇聚在一起，缩短了三者之间的距离，画面看上去显得更加单纯。

要点

● 使用不同焦距的镜头拍摄同一个物体，照片效果大为不同。
● 广角镜头适合表现景物的空间透视感。
● 长焦镜头可以令画面产生压缩效果。

06 学习摄影技术的最佳焦距

关键词：　| 50mm | | 焦距 |

拍摄时如果将焦距固定在50mm的话，拍摄者需要花费更多的精力去观察被摄物体，不停移动脚步寻找最佳的拍摄距离和角度，因而能培养我们主动发现被摄物体并拍摄带有自己风格的作品的能力。另外不论身边的景物还是远处的景物，50mm焦距的镜头都能够轻松胜任，它是学习摄影技术的最佳焦距。

● 将意识由被动转换为主动

对于初学摄影的朋友们，笔者认为最好将焦距固定在50mm进行练习。因为当我们将焦距固定在某一数值之后，拍摄者必须花费更多的精力去观察被摄物体，不停移动脚步寻找最佳的拍摄距离和角度。这一过程将使我们从被动地在镜头变焦范

■ 使用50mm焦距的镜头远离花坛拍摄

左图是笔者使用50mm焦距的镜头远离花坛拍摄时的样子。此时如果使用变焦镜头的话，人一旦确定了摄影位置便不会再移动，笔者认为这只是在被动地拍摄现成的景物。

■ 使用50mm焦距的镜头靠近花坛拍摄

在同样的场景，笔者给自己立下一条"将焦距固定在50mm不变"的规定。此时，笔者必须不停地移动脚步才能找到最佳的拍摄距离和角度，只有这样才能培养我们拍摄带有自己风格的作品的能力。

围内拍摄，变为自己主动去发现被摄物体，从而培养我们拍摄带有自己风格的作品的能力。选择50mm焦距的原因是此视角最接近人眼实际的观察效果，可以帮助我们更加真实地还原拍摄时的氛围。

另外如本页的图例，不论拍摄身边的景物还是远处的景物，50mm焦距的镜头都能够轻松胜任，它是笔者心目中学习摄影技术的最佳焦距。

■靠近被摄物体时拍摄到的作品

左图是笔者使用50mm焦距镜头拍摄的插花作品。拍摄时笔者站在离花儿较近的位置，使插花占据了画面的绝大部分，明确了本次拍摄的主题。

■远离被摄物体时
拍摄的作品

左图是笔者使用50mm焦距镜头拍摄的海景。在50mm焦距的视角更容易向观众传达作者当时的感受。

要点
● 将镜头焦距固定在 50mm 进行练习。
● 50mm 焦距的镜头不论用来拍摄近景还是远景都有十分出色的表现。
● 使用 50mm 焦距的定焦镜头还可以体会到虚化带来的乐趣。

07 通过强调空间透视来实现画面的张弛有度

关键词：　| 广角镜头 | | 空间透视感 | | 透视畸变 |

使用广角镜头拍摄不仅能使照片视野变得开阔，而且通过强调空间透视还可以实现画面的张弛有度。另外拍摄时如果将镜头放得非常靠近被摄物体，过分强调空间透视感的话，会使画面出现透视畸变现象，扭曲被摄对象的视觉形象。

● 空间透视感与画面的虚实藏露效果

使用广角镜头虽然可以将现场环境尽收眼底，但这只是单纯地将被摄物体缩小，让捕捉范围变大罢了。真正能发挥广角镜头实力，使画面张弛有度的是其为画面带

设定值　| 曝光模式 | 光圈优先　| 光圈 | f/4.5　| 快门速度 | 1/1000s　| 曝光补偿 | ±0　| ISO | 400　| WB | 日光　| 焦距 | 24mm

来的空间透视感。

空间透视感是指景物之间的一种视觉效果，在拍摄时通常借助近大远小来体现这种效果。例如上一页的图例，用普通的站姿拍摄虽然能将沙漠广袤无垠的一面呈现出来，但却捕捉不到沙漠生动且极具变化的表情。因此笔者把相机放置在略高于地面的位置，将脚下的沙子也一起拍摄进画面。此时前方沙丘的纹路间距看上去比之前更大，而远处的间距则窄得几乎分辨不出，画面也因此产生了一种张弛有度的迷人效果。

如果将镜头放得非常靠近被摄物体，过分强调空间透视感的话，会使画面出现透视畸变的现象。例如笔者拍摄本页的水牛时，镜头几乎贴在牛鼻子上，在透视畸变的影响下，牛鼻子看上去大得出奇，使牛脸也长了不少。

■ 广角镜头的畸变效果

上图是笔者使用焦距为17mm的广角镜头对牛鼻子拍摄的特写，在透视畸变的影响下，牛鼻子看上去大得出奇，使牛脸也变长了。

要点

● 使用广角镜头拍摄时，通过强调空间透视可以实现画面的张弛有度。
● 空间透视感是通过近大远小体现出来的。
● 如果将镜头放得非常靠近被摄物体，会使画面出现透视畸变的现象。

镜头篇

08 使画面虚化的三种方法

关键词：　长焦镜头　　虚化

　　画面的虚化程度与景深的大小有关，景深越小则虚化程度越高。而影响景深的要素主要有三个，分别是光圈的大小、焦距的长短以及拍摄距离的远近。光圈越大、焦距越长、景物离镜头越近则景深越小，也就是画面的虚化程度越大。另外光圈叶片的枚数影响着虚化后的光斑形状。

● 使画面出现虚化的三个条件

　　拍摄时灵活运用虚化技术有助于突出作品的主题，使观众们的注意力集中在拍摄者想要表现的部分上。画面的虚化程度与景深的大小有关，景深越小则虚化程度越高。而影响景深的要素主要有三个。第一是光圈的大小，光圈越大则画面的虚化效果越明显。所谓的光圈大是指f值小，比如f/1.2、

设定值

曝光模式	光圈优先
光圈	f/4
快门速度	1/40s
曝光补偿	±0
ISO	400
WB	日光
焦距	200mm

f/1.4等。第二是焦距的长短，焦距越长虚化效果越强。此外使用长焦距拍摄还可将被摄物体从杂乱的背景中提取出来，令画面显得更加简洁明快。第三是景物离镜头的远近，在焦距和光圈不变的情况下，景物离镜头越近则虚化效果越强。

在拍摄夜景时，背景虚化到一定程度会使街边的路灯或者装饰用的彩灯变成一个个漂亮的光斑，光斑的形状随光圈叶片的多少而不同。叶片少时光斑呈正多边形，叶片越多则光斑越接近圆形。此外在其他条件相同的情况下，焦点位置的选择会影响画面虚化的区域。例如在上一页的图例中，笔者对画面下方倒数第二套餐具进行对焦，此时画面的前景和后景都出现了虚化。而在本页的图例中，合焦的是镜头前方的花朵，这次只有背景部分出现了虚化。构图时如果能够活用这一现象，就可以按照需要随时改变照片的意境了。

■ 焦点位置对虚化结果的影响

上图合焦的是镜头前方的花朵，所以只有背景部分被虚化。

要点

● 光圈越大则画面的虚化效果越明显。
● 焦距越长虚化效果越强。
● 在焦距和光圈不变的情况下，景物离镜头越近则虚化效果越强。

09 活用长焦镜头的剪裁功能

关键词：　长焦镜头　　剪裁效果

> 我们在拍摄风景作品时，常常会遇到景物被许多不相关的建筑遮挡住的情况，这时我们可以利用长焦镜头的剪裁功能将周围多余的物体移出画面，只留下最令人印象深刻的部分。如果不论如何剪裁都无法摆脱多余物体的干扰，可以使用终极解决办法——开大光圈将其虚化。

● 利用长焦镜头将杂物移出画面

在上一节中笔者说明了长焦镜头对画面虚化程度的影响，本节将向大家继续介绍长焦镜头的另一个作用——剪裁功能。剪裁是利用长焦镜头视角小的特点将周围多余的物体移出画面，只保留令人印象最为深刻的部分。例如拍摄风景作品时，经常会遇到景物被电线、铁塔

设定值

曝光模式	光圈优先
光圈	f/2.8
快门速度	1/500s
曝光补偿	－ 0.3
ISO	400
WB	日光
焦距	300mm

等多余的东西遮挡住的情况，这时我们就可以利用剪裁功能将它们移出画面。

这种方法听起来虽然不难，但是在实际操作中并不是一件容易的事，但是笔者仍然坚持使用，只为得到最整洁明快的画面。例如上一页的图例，笔者为了让观众们的注意力集中在云层和光壁上，好不容易才把原本漂在海面上的船只"清除"出了画面。而本页的这幅作品则来得有些巧合，当时笔者正在拍摄其他的景物，无意中发现了这串被光线打中的红黄两色的植物果实。在构图过程中笔者决定将位于前景的树叶虚化，从而遮挡住画面的无关区域而只露出果实的部分，最终得到了这幅以鲜活果实为主题的作品。

█ 利用虚化技术准确保留画面的主体

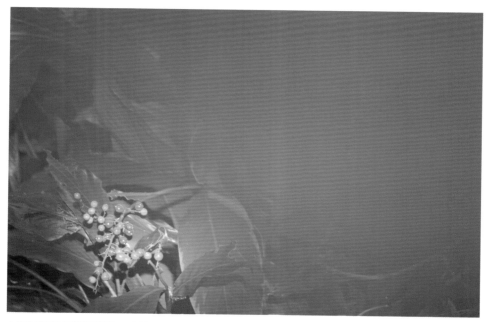

上图是笔者偶然发现的一串植物果实。当时正巧有一束光线向那边射去，才使笔者无意中发现了它们。笔者将位于前景的树叶虚化，从而遮挡住画面的无关区域而只露出果实的部分，最终得到了这幅有趣的作品。

要点	● 利用长焦镜头特有的剪裁功能可以剪裁掉画面中与主题无关的要素。
	● 画面经过剪裁后会显得干净整洁。
	● 无论如何剪裁都无法摆脱多余物体的干扰时可以开大光圈将其虚化。

10 用长焦镜头控制画面的畸变

关键词： 长焦镜头 畸变

镜头的某些光学特性会导致画面出现畸变现象。这在用广角镜头拍摄直线组成的景物时最为明显。使用长焦镜头可在一定程度上减少这种现象的发生，最好将焦距设置在150mm～160mm或以上并尽量远离被摄物体，减少画面的透视感。

● 镜头畸变

镜头畸变是由镜头的某些光学特性导致的，每支镜头或多或少都会造成这种畸变现象。畸变会造成像的失真，使原本笔直的物体在画面里变成曲线状。在众多镜头当中，广角镜头最容易使画面出现桶形畸变现象，而且越靠近画面边缘的地方这种桶形畸变就越明显。例如拍摄集体照时，位于画面两边的人看上去会比较奇怪。

 设定值　曝光模式 光圈优先　光圈 f/11　快门速度 1/125s　曝光补偿 ±0　ISO 400
WB 日光　焦距 153mm

4

了解并掌握各种镜头的详细特征

镜头篇

另一方面，使用长焦镜头拍摄时画面会出现一种与桶形畸变相反的枕形畸变现象，但由于长焦镜头的视角小，所以这种畸变现象不容易被人们察觉到。同时镜头的焦距越长画面的透视感就越轻，上面提到的桶形畸变现象就越不容易出现，景物还原更真实。

在拍摄曲线多的景物时这种畸变现象往往不容易被察觉，但是拍摄直线组成的景物时会变得很明显。本页上面的图例是笔者使用广角镜头仰视拍摄的，在镜头畸变与透视畸变的双重作用下，原本该是直线的地方变成了曲线，严重破坏了画面的平衡感。而下图是笔者后退了一段距离改用长焦镜头拍摄的作品，相比之前的画面，这幅看上去舒服多了。

■ 出现畸变的图例

左图是笔者使用焦距为17mm的广角镜头仰视拍摄的。在桶形畸变和透视畸变的双重作用下，画面中原本该是直线的地方变成了曲线。

■ 使用长焦镜头拍摄的图例

左图是笔者改用焦距为160mm的长焦镜头拍摄的作品。由于画面的透视感变弱，景物的线条恢复了正常，所以画面看上去舒服多了。

要点	● 广角镜头容易使画面两侧出现桶形畸变。
	● 焦距越长则畸变现象越不明显。
	● 在拍摄建筑物的外貌时最好选择畸变小的长焦镜头。

11 微距镜头的使用技巧

关键词： | 微距镜头 | 防抖功能 | 三脚架 | MF |

> 微距镜头是专门用来拍摄微小物体，能够将景物放大显示的一类特殊镜头。由于微距镜头的放大倍率要高出普通镜头数倍，所以画面对抖动更为敏感，这时我们可开启镜头的防抖功能，或使用三脚架等来避免抖动的发生。对于初次尝试微距摄影的朋友，笔者建议从焦距为90mm～100mm的中焦微距镜头开始练起。

● 可以再现景物纤细之美的微距镜头

微距镜头常被用来拍摄花朵、昆虫、水滴等十分微小的物体，主要强调被摄物体的细节与形态，将景物细微的部分完整地呈现给观众。判断一款镜头是否属于

设定值　曝光模式 光圈优先　光圈 f/5　快门速度 1/30s　曝光补偿 −1　ISO 400
WB 日光　焦距 100mm

"微距"的主要依据是镜头的放大倍率。放大倍率是指被摄物体在相机感光元件中的影像大小与其真实大小之间的比例关系，只有放大倍率达到1:2甚至1:1的镜头才能称得上是微距镜头。例如我们用放大倍率为1:1的等倍镜头拍摄直径为25mm的1元硬币时，硬币在感光元件上的成像大小同样是直径25mm。普通镜头的放大倍率一般在1:10到1:4，这下您明白微距镜头为什么可以将物体拍摄得那么大了吧。

　　根据焦距的长短，微距镜头大致可以分为三类，分别是焦距为50mm～60mm的标准微距镜头，90mm～100mm的中焦微距镜头以及200mm左右的长焦微距镜头。其中标准微距镜头有小巧轻便、最近对焦距离短的优点，但如果相机与被摄物体之间有障碍物导致镜头无法靠近被摄物体的话，镜头的放大效果就会被大幅削弱。中焦微距镜头是笔者极力推荐初次接触微距摄影的朋友们使用的一款镜头，它不仅可以拍摄超近距离的小物件，同时也能轻松应对那些有一定距离的景物，适用性最好。长焦微距镜头适合拍摄那些难以靠近或是前方有围栏阻挡的景物。例如拍摄昆虫或野鸟时，人如果靠得太近会把它们吓跑，所以最好使用长焦微距镜头来拍摄。由于微距镜头的放大倍率要高出普通镜头数倍，所以画面对抖动更为敏感，这时我们可通过开启镜头防抖功能、使用三脚架等来避免抖动的发生。

■ 等倍倍率的画面效果

■ 0.7倍倍率的画面效果

上图是在等倍倍率下拍摄的花朵。笔者用全画幅相机+等倍微距镜头将花儿的样子原封不动地记录了下来。

上图是使用普通镜头的微距模式拍摄的作品。该镜头的放大倍率为0.7倍，画面效果明显逊色于等倍倍率下的效果。

要点	● 微距镜头可将景物细微的部分也完整地呈现给观众。 ● 放大倍率达到1:2甚至1:1的镜头才称得上是微距镜头。 ● 初次使用微距镜头可以从中焦微距开始。

借着本专栏，笔者要为大家介绍两位对自己摄影风格有极大影响的人像摄影大师以及他们的一些代表作品。

首先要为大家介绍的是艾略特·厄韦特（Elliott Erwitt）先生和他的写真集《Personal Exposures》。通过这部作品，笔者领悟到在拍摄人物时，除了要观察人物本身，还要发现隐藏在人物间的内部相互关系。每次翻阅先生的作品都会让笔者有新的发现。当您看完注释之后，更会明白这看似平常的作品当中包含着厄韦特先生对于景物的独特见解。"所有看到我作品的人都能笑出来，是对我最大的褒奖。"这是厄韦特先生对笔者影响最深的一句话。

另一位是时尚摄影大师理查德·艾维顿（Richard Avedon）先生和他的《Evidence》。艾维顿先生对细节的追求深深地吸引着笔者，他也是引领笔者走上摄影创作之路的重要人物之一。

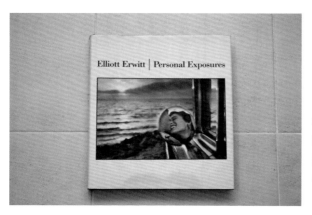

左边这本书是艾略特·厄韦特先生的写真集《Personal Exposures》。这些看似平常的作品无一不包含着厄韦特先生对于景物的独特见解。

右边这本书是理查德·艾维顿先生的《Evidence》。这本作品集当中收录了艾维顿先生大部分的人物作品。

第5章　**器材的保养与保管**

01 机身和镜头的保养方法

关键词： | 气吹 | 镜头清洗液 | 镜头纸·镜头布

> 数码单反的机身和镜头都属于非常精密的仪器，定期的清洁保养能够延长它们的工作寿命。为此我们需要准备各种专业的清洁工具。例如可以吹走灰尘和水滴的气吹，清洁镜头用的镜头纸和清洗液以及擦拭机身用的专用镜头布等。养成定期清洁保养的习惯，您的爱机才不会在关键时刻掉链子。

● 用气吹吹走讨厌的灰尘

定期对器材进行清洁保养能够大幅延长它们的工作寿命。笔者差不多每两个月就会去一次厂家指定的维修机构，对器材进行清洁保养。除此以外，笔者每次拍摄结束之后也会对相机进行简单的清洁。由于数码单反相机属于非常精密的仪器，所以在清洁保养时不能使用普通的清洁用品，我们需要用专门的清洁工具来完成。下面笔者就为大家介绍几种常用的专业清洁用具。

首先是用来吹走器材表面灰尘的气吹。镜头上如果附着灰尘或绒毛，当您使用小光圈拍摄时这些灰尘可能会以黑点的形态出现在画面里。一般灰尘如果不多的话

■ 常用的清洁工具

气吹

气吹是我们最常用的清洁工具之一，用它可以吹走附着在器材表面上的灰尘和绒毛。需要注意的是不要用气吹清扫相机内部的感光元件，以免不慎划伤感光元件。

镜头清洗液

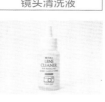

在购买清洗液时，最好选择挥发性好且干燥后不容易在镜头表面留下印记的产品。

镜头纸

镜头纸与普通的纸巾不同，它的纤维更细，不会对镜头造成损伤。

镜头布

镜头布的作用与镜头纸类似，笔者常用来擦拭机身。

用气吹就足以将它们清洁干净，遇到较为严重的污渍时，就需要用镜头清洗液以及镜头纸来清洁了。操作时先用气吹把较为明显的灰尘清除掉，个别吹不掉的可以用镜头纸卷成卷小心地将其剔除，然后往镜头纸上滴几滴清洗液，由镜头中心向外画圈擦拭镜面。在清洗液的选择上，最好使用挥发性好且干燥后不容易留下印记的产品。

　　在清洁机身时，首先同样是利用气吹吹掉表面的灰尘，然后使用镜头布将相机外部仔细擦拭干净，最后用尖头棉棒小心地清理掉堆积在转盘以及按键缝隙中的顽固污垢。

■ 镜头的清洁步骤

首先用气吹吹掉表面的大粒灰尘。吹的时候最好镜头朝下，以免灰尘再次落到镜头上。

然后往镜头纸上滴几滴清洗液，由镜头中心轻轻向外画圈擦拭镜面。

最后使用气吹吹干残留的水分，检查表面是否还留有印记。

■ 机身的清洁步骤

首先用气吹吹掉表面的大粒灰尘。

然后使用镜头布将相机外部仔细擦拭干净。如果转盘或按键缝隙中还残留有污垢的话，可用尖头棉棒小心地将其清理干净。

要点	● 请定期对机身和镜头进行清洁保养。 ● 在使用任何清洁用品之前，先用气吹吹走附着在表面上的大颗粒污物。 ● 请购买相机专用的清洗液、镜头纸以及镜头布。

保养篇

02 感光元件的防尘对策

关键词： 感光元件 更换镜头 清洁感应器功能

我们更换镜头时相机的感光元件会暴露在外，灰尘会借着这个机会进入相机内部，落到感光元件上，从而影响相机的成像效果。为了防止灰尘侵袭，在平时的使用过程中我们需要格外注意以下几点：一是不要在灰尘多的场所更换镜头，二是避免在风大的时候更换镜头，三是更换镜头时不要镜头接口向上放置相机，以免灰尘落入。如果感光元件不小心粘上灰尘，可以使用相机自带的清洁感应器功能或是及时拿到专业维修部门进行清理。

请勿在灰尘多的场所更换镜头

我们更换镜头时相机的感光元件会暴露在外，灰尘会借着这个机会进入相机内部，落到感光元件上。体积大的颗粒会严重影响相机的成像效果，尤其是拍摄天空

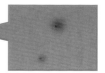

黑点形状仅供参考

拍摄时笔者发现天空中出现了几处不明黑斑。清洁镜头之后黑斑仍然残留在画面上的话，就要考虑是不是感光元件脏了。

更换镜头时不要镜头接口向上放置相机，以免灰尘落入。另外为了防止感光元件被灰尘侵袭，尽量避免在灰尘多、风沙大的场所更换镜头。

等通透明亮的景物时，那些粘在感光元件上的颗粒会在画面里形成一个个的黑斑。为了防止感光元件被灰尘侵袭，尽量避免在灰尘多、风沙大的场所更换镜头，必须更换时可将相机和镜头放在摄影包内进行。另外还要提醒大家更换镜头时不要镜头接口向上放置相机，以免灰尘落入。

感光元件万一粘上了灰尘也不必担心，我们可以使用相机内置的清洁感应器功能来除去这些颗粒，或是通过除尘数据功能将其屏蔽掉。除尘数据的操作方法是先拍摄一张纯白色的图像，相机会记录下灰尘出现的位置和形状，并在后续拍摄过程中自动将该信息添加到影像数据中里。如果使用上述方法均不能有效解决问题，请及时将相机送往专业维修部门进行清理，切记千万不可自行处理。

■ 清洁感应器功能

开启自动清洁感应器功能后，每次打开或关闭相机时，相机都会自动执行清洁感应器的命令。

■ 除尘数据功能

有的相机还搭载了除尘数据功能。相机可将难以清除的颗粒信息记录下来并在后续拍摄过程中自动将该信息添加到影像数据里。

要点	● 照片上出现的不明斑点可能是相机的感光元件粘上灰尘造成的。
	● 尽量避免在风沙大的场所更换镜头。
	● 可以利用相机的清洁感应器功能以及除尘数据功能来消除画面中的黑点。

03 相机与镜头的保存方法

关键词：　防尘·防水镜头　　防潮箱

相机和镜头闲置不用时一定要做好防潮工作。在空气潮湿的地区，一旦镜头上出现了霉点，一两个月镜头就会报废。所以购买时请尽量选择具有防尘防水功能的镜头，最好在拍摄完毕后对器材进行清洁保养，将其放入防潮柜内保存，或者利用收纳箱和干燥剂自制一个简易的防潮箱来存放。

● 制定严格的防潮对策

在空气潮湿的地区，镜片非常容易滋生霉菌，一旦镜片上出现了霉点而又没能及时清洁，镜头一两个月就会报废，所以当相机和镜头闲置不用时，一定要制定严格的防潮对策。首先从根本上来讲，最好购买具有防尘防水功能的镜头。其次，拍摄完毕并对器材进行清洁保养后最好将其放入防潮柜内保存。保存环境并非越干燥越好，因为同样也有喜好干燥的霉菌存在，通常以40%～50%的湿度为宜。另外器材的摆放也有一些讲究。摆放时一定要让镜头重心稳定，一般较短的镜头最好卡口

上图是长了霉菌的镜头。闲置不用的镜头如果长期放置在空气潮湿的环境中，镜片上很容易滋生霉菌，所以拍摄完毕并对器材进行清洁保养后一定要将其放入防潮柜内保存。

5

器材的保养与保管

保养篇

朝上放置，长镜头以横放为宜。如果您生活的环境不是特别潮湿的话，也可利用收纳箱和干燥剂自制一个简易防潮箱，但是要记得定时检查防潮效果，及时更换失效的干燥剂。

■ 防潮柜

防潮柜内的湿度是可以进行调节的，太高或太低都不利于镜头的保存，通常以40%～50%的湿度为宜。

■ 简易防潮箱

左图是笔者用收纳箱和干燥剂自制的防潮箱，如果周围环境不是特别潮湿的话，完全可以用它代替电子防潮柜来使用。

<table>
<tr><td rowspan="3">要
点</td><td>● 在空气潮湿的环境中，镜片很容易滋生霉菌。</td></tr>
<tr><td>● 尽量选择具有防尘防水功能的镜头。</td></tr>
<tr><td>● 干燥的地方可用简易防潮箱来代替电子防潮柜。</td></tr>
</table>

保养篇

04 将拍摄数据保存至多个硬盘中

关键词：　外接硬盘

为了防止拍摄数据丢失或损坏，不要将数据长时间存放在存储卡中，最好及时将其复制到计算机硬盘或外接硬盘里。在使用外接硬盘时，存储的数据量不要超过硬盘最大容量的5～6成。另外，拍摄完成后最好不要更改原来的文件名，这样检索文件时会更加快捷。

● 务必为重要数据提供双重保障

能够存储照片数据的媒介有很多，如果只将其存储在SD卡或CF卡中的话是存在一定危险的。所以，笔者通常是将数据同时保存在计算机硬盘和外接硬盘里，给予它们双重安全保障。SD卡或CF卡中的照片数据有被误删的可能，而SD卡的金手指又是暴露在外的，非常容易出现意外。CD和DVD容量有限，不适合保存作品数量多的单反相机的数据。有的摄影爱好者还喜欢将小巧轻便的U盘作为自己的存储工具，殊不知其这一特点也使它变得极容易丢失。另外，如果只依靠计算机自身的硬盘存储数据的话，随着数据量的增加，计算机的性能有可能会变差，所以最好使用外接硬盘来保存您的数据。

笔者总是将同样的数据保存至多块外接硬盘里，并且从来不用满硬盘的全部容量。例如一块容量为500GB的硬盘，笔者只会将其中的250GB～300GB用来保存数

在各种各样的存储设备中，笔者推荐使用外接硬盘来保存数据。

5

器材的保养与保管

保养篇

据。硬盘在满载状态下长时间工作时，反复读取数据会加剧硬盘的负担，从而使硬盘容易出现故障。最后还有一点要提醒您的是，若使用RAW和JPEG格式同时拍摄，保存时最好不要更改图像原本的文件名，这样可使您检索文件时更加快捷。

■ 外接硬盘

笔者常用的是由多块硬盘组成的RAID磁盘阵列。购买外接硬盘时请确认您的计算机是否有相应的接口。

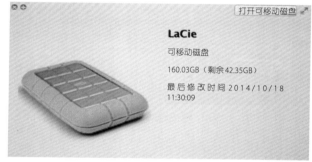

打开可移动磁盘

LaCie

可移动磁盘

160.03GB（剩余42.35GB）

最后修改时间 2014/10/18 11:30:09

■ 检查硬盘的剩余空间

养成经常检查硬盘剩余空间的习惯。

■ 将重要数据备份到多个存储设备之中

特别重要的数据最好备份到多个存储设备之中。

> **要点**
> ● 摄影数据最好不要长时间存放在存储卡中。
> ● 特别重要的数据最好备份到多个存储设备之中。
> ● 为了便于检索，拍摄后最好不要更改原有的文件名。

05 外接硬盘的保管方法

关键词： **外接硬盘**

虽然外接硬盘看起来十分结实，但是保管不当的话同样会出现问题。笔者的解决方法是用自制的海绵缓冲材料将硬盘包裹起来。此外为了防止雷击等意外的发生，使用后请及时切断电源，为避免硬盘意外滑落最好再准备一块防滑垫。

● 外接硬盘的保管方法

在上一节中，笔者为大家介绍了保存数据方面的一些常识。本节将接着上一节的内容和大家分享保管外接硬盘方面的一些知识。

对于如何保管外接硬盘这个问题，笔者想提醒大家的主要有以下两点：一是防震，二是防雷击。有的朋友可能会问："外接硬盘的外壳不是挺坚固的吗，应该不怕摔吧？"答案是否定的。外接硬盘的外壳虽然十分坚固但其内部的硬盘却是非常脆弱的，剧烈的摇晃下可能会出现故障，所以笔者平时用自制的海绵缓冲材料将其包裹起来存放。由于硬盘在工作时会发热，所以使用时还要记得将护具取下来以免影响散热。另外使用小型移动硬盘时，为了避免硬盘意外滑落，最好为其准备一块

左图是笔者用自制的海绵缓冲材料将硬盘包裹起来的样子。

保养篇

防滑垫。其次是防雷击。由于外接硬盘的耗电量较大，使用时需要用单独的电源为其供电。因此遇到雷雨天气时，外接硬盘有被雷电烧毁的危险。为了防止这类意外发生，除了养成随手切断闲置电源的习惯外，购买防雷击插座也是一个十分有效的办法。

■ 使用时请取下缓冲材料

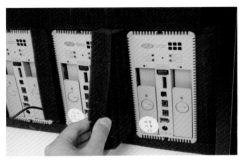

因为硬盘在工作时会发热，所以使用时请取下缓冲材料以免影响散热。

■ 防滑贴

笔者使用移动硬盘时经常会将手边的硬盘碰落，所以最好为其准备一块防滑垫。

■ 随手将不用的电源切段

为了防止外接硬盘被雷电烧毁，请随手切断闲置电源。

■ 将硬盘分类

为了在用的时候能够迅速找到自己需要的硬盘，笔者将硬盘分门别类整理好之后，为其分别贴上了标签。

> **要点**
> ● 外接硬盘的保管同样不可忽视。
> ● 用海绵等缓冲材料将外接硬盘包裹起来存放。
> ● 养成随手切断闲置电源的习惯。

06 相片的保存方法

关键词： 打印 无酸性保存纸箱

> 如果将照片长期放置在被阳光照射的场所，久而久之照片会出现变色或褪色的现象。为了将照片长久保存下去，笔者特意购买了专门用来保存纸质材料的无酸性纸箱对其进行保存。

● 专业的无酸性保存纸箱

在数码单反时代，我们拍摄的照片通常是以数据的形式保存在计算机中的。这样既可以随时发到网上与朋友分享，又省去了一笔不菲的冲印费用，非常符合当今人们的生活理念。但随着高品质家用打印机的普及，自己在家中打印相片已经不是什么新鲜事了，此外有些摄影师举办个人作品展时，也需要打印作品供观众们欣赏。这些照片如果长期不加任何保护地放置在外，特别是存放在能够被阳光照射到的地方，久而久之阳光中的紫外线会破坏油墨的分子结构，使照片出现变色或褪色的现象。在气候潮湿的地区，如果保存不当，相纸还极易产生各种霉菌。因此如何才能长久地保存这些纸质相片，成为我们不得不面对的一个问题。

左图是笔者专门用来保存相片的场所。笔者将所有重要的照片都存放在无酸性纸箱中，然后把纸箱放置在通风良好且没有光线直射的角落，并分门别类地为其贴上了标签。

为了将照片长久保存下去，笔者特意购买了专门用来保存纸制品、照片、绘画以及工艺品的无酸性纸箱对其进行保存。无酸性纸箱这个词大家听上去可能会感到比较陌生，一般来讲，保存资料用的纸箱、信封、文件夹或是衬纸中都含有一定量的酸性成分，以及一种叫"木质素"的物质。前者在与空气中的水分发生化学反应后会生成少量的硫酸，令纸张变脆，后者具有良好的吸收光线能力，易导致纸张变色。用来制造无酸性纸箱的材料中没有上述两种物质，所以能为照片提供最大限度的保护。

■ 出现变色的照片

这张照片被笔者不小心遗忘在外面。经历了长时间的风吹日晒之后，照片出现了严重的变色。

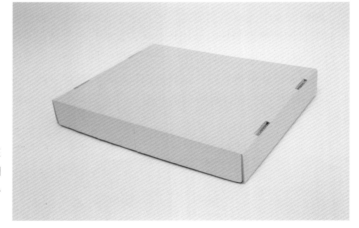

无酸性纸箱

无酸性纸箱是由不含酸性成分以及木质素的材料制成的专业保存箱，可减少光照和湿气对照片的伤害。

> **要点**
> ● 将照片长期存放在被阳光照射的场所，会使照片出现变色或褪色的现象。
> ● 潮湿的气候也会对照片造成伤害。
> ● 将重要的照片存放在无酸性纸箱里。

07 染料打印机和颜料打印机

关键词：　打印机　　染料　　颜料　　无线传输功能

使用染料墨水的打印机有打印速度快、喷头不易堵塞、照片色彩还原能力强的特点。使用颜料墨水的打印机打印出的相片防水、防紫外线性能更好，可以使照片的色彩保持得更为长久。此外有的打印机还带有无线传输功能，有了这项功能我们的桌面就再也不会乱糟糟的了。

● 执着派应选择颜料打印机

喷墨打印机根据使用墨水的种类，大致可分为染料墨水打印机和颜料墨水打印机两种。其中使用染料墨水的打印机打印速度快，喷头不易被墨水堵塞，并且由于染料墨水的颜色种类更为丰富，所以打印出来的相片色彩还原度更高。不过染料墨水的防水、防紫外线能力较差，时间久了照片容易出现褪色现象。染料打印机凭借其色彩还原度高的特点常被用于商业策划案或者一些只需短期展示的场景。

颜料墨水中的着色剂是由一些不溶于水的固体小颗粒组成的，打印时通过让着色剂附着在相纸表面从而使相片着色。用颜料墨水打印出的照片防水以及防紫外线能力更为出色，所以经常被用来制作宣传展示用的海报或是需要长期保存的档案。

在打印机的价格方面，染料打印机相对要便宜一些。通常专业一点的机型大约在5万日元左右，并且机型种类非常丰富。另一方面，虽然一台好一点的颜料打印

■ 染料打印机

代表产品有佳能的PIXUS PRO-100和爱普生的Colorio EP-4004等。染料打印机的特点是打印速度快且喷头不易被墨水堵塞，所以稳定性相对更好一些。

器材的保养与保管

5

保养篇

机要卖到10万日元，但是颜料墨水凭借其优秀的防水、防紫外线特点还是受到不少执着于照片质量的摄影爱好者的青睐。在墨水价格方面则是颜料墨水更贵一些。

如果您的打印机可以打印A3尺寸以上作品的话，制作一些展示用的资料也是不在话下。最后笔者还要多提一句，有的打印机还带有无线传输功能，有了这项功能那些烦人的电线终于可以远离我们的桌面啦。

■颜料打印机

代表产品有佳能的PIXUS PRO-1和爱普生的PX-5V等。用颜料墨水打印出的照片防水、防紫外线能力更为出色，所以颜料墨水打印机经常被用来制作宣传展示用的海报或是需要长期保存的档案。

■打印尺寸

笔者推荐购买可以打印大尺寸照片的打印机，因为这种打印机的用途会更广一些。

■具备无线传输功能的打印机

现在的打印机基本都具备无线传输功能，大大节省了桌面的空间。

要点	● 染料墨水的色彩还原能力强，适合打印短期展示的作品。 ● 颜料墨水的防水防紫外线能力更好，适合打印需要长期保存的文件。 ● 具备无线传输功能的打印机可以大大节省我们的桌面空间。

08 关于打印机配件的选择

关键词：　墨盒　打印用纸

　　当您的打印机需要更换墨盒时，笔者建议您使用原厂正品墨盒。虽然原厂墨盒的价格会更贵一些，但是色彩还原度好且不易堵塞喷头，在调整打印机设置时也更为容易。另外打印照片使用的相纸主要有光面相纸、哑光相纸和无光相纸三种，对于初次尝试亲手打印照片的朋友，笔者建议选择价格较为便宜的光面相纸。

● 请为您的打印机购买原厂正品配件

　　当笔者体验到自己亲手打印照片的乐趣后便玩得一发不可收拾，很快墨盒就消耗殆尽，不得不更换新的墨盒了。打印机的墨盒有原厂和副厂之分，副厂的墨盒虽然更便宜一些，但是在重新设置打印机时更烦琐。而且副厂墨水的成分可能与原厂产品并不完全相同，纯度不够的话甚至会堵塞打印机的喷头。所以考虑到日后的维修费用以及色彩的还原度等问题，笔者还是选择了原厂产品。

■ **原厂墨盒**

在购买墨盒时，最好选择和打印机同一品牌的产品。

5
器材的保养与保管

保养篇

说完墨盒我们再来说说相纸。目前常见的相纸有光面、亚光和无光三种。光面相纸表面光滑，打印出的照片也显得比较明亮，色彩还原度好，适合打印色彩鲜艳的风景作品。无光相纸表面比较粗糙且反光度低，看上去更有质感。亚光相纸介于上述两者之间，表面没有光面相纸那么亮，但又带有一定的粗糙感，用它打印出来的照片看上去很有档次。在价格方面，光面相纸价格最便宜，适合初次尝试亲手打印照片的朋友。另外，每种相纸还可再细分为普通和高级两种，请您根据用途选择适合自己的产品。

■ 光面相纸

用光面相纸打印出的照片对比度强，画面色彩艳丽。

■ 无光相纸

对比度低，照片更有质感。

■ 亚光相纸

亚光相纸也被称作绸面相纸，它综合了光面相纸和无光相纸的优点，打印出的照片看上去很显档次。

■ 黑白相纸

适用于打印黑白艺术照等较为正式的作品。

要点	● 请使用原厂墨盒。 ● 相纸分光面、亚光和无光三种。 ● 光面相纸打印出的照片色彩艳丽，无光相纸打印出的照片更有质感，亚光相纸打印出的照片看上去更显档次。

在上次的专栏中，笔者为大家介绍了艾略特·厄韦特和理查德·艾维顿两位大师以及他们的作品，本次将继续为大家介绍另外几位同样对笔者影响很深的大师及其作品。

第一位是尤金·阿杰特先生和他的《PARIS》。阿杰特先生40岁才开始从事摄影工作，他的作品几乎全都是以巴黎的大街小巷为背景。在照片风格方面以对事物外貌的简单描述为主，作品看上去非常单纯洁净，为我们展示了20世纪之初巴黎街头的独特魅力。

第二位是维姆·文德斯先生和他的《WRITTEN IN THE WEST》。在欣赏过文德斯先生的作品之后，那一连串干燥的没有一点湿度的场景始终在笔者脑海中挥之不去，使笔者也不由得口渴起来。在欣赏文德斯先生的作品时，我们往往会在不知不觉中悄然进入书中那寂静无垠的世界。

最后一位是迈克尔·肯纳先生和他的《A TWENTY YEAR RETROSPECTIVE》。笔者放弃安逸的公司职员工作毅然踏入摄影行业，就是因为1996年在东京的涩谷看到了肯纳先生的个人作品展。肯纳先生的这本《A TWENTY YEAR RETROSPECTIVE》能够令人体会到黑白风景作品的神秘、优雅以及挥之不去的美。

摄影大师尤金·阿杰特先生的写真集《PARIS》。本书以20世纪初期的巴黎街头为背景，向我们展示了巴黎最为真实的一面。

摄影大师维姆·文德斯先生的写真集《WRITTEN IN THE WEST》。书中那艳丽却又极度干燥的场景给笔者留下了十分深刻的印象。

摄影大师迈克尔·肯纳先生的写真集《A TWENTY YEAR RETROSPECTIVE》。在肯纳先生的镜头中，您会发现黑白世界到处充满诗意。

第6章 **6** **专业摄影师推荐的必备摄影用具**

01 如何选择三脚架

关键词： 三脚架

碳纤维制三脚架既轻便又稳定，是笔者最为推荐的种类。三脚架的脚是可以收缩的，一般由三至五节组成。虽然节数越多脚架越不稳定，但是节数多收缩后会很短，非常便于携带。云台可分为球型和三维两种，其中球型云台体积小巧、操纵便捷，三维云台在承重以及定位方面更为优秀。

● 轻便稳定的碳纤维三脚架

目前市面上销售的三脚架可谓五花八门，按材料分有铝合金、碳纤维的，按结构算有三节、四节的，按云台类型分又有球型、三维的等。在众多类型的三脚架当中我们究竟该如何选择呢？下面，笔者就为大家介绍一下自己的选择经验。

在挑选三脚架时，笔者主要考虑两个方面：一是产品的轻便性，二是它的稳定性。作为一名风景摄影师，笔者经常为了取景而四处奔波，所以当然希望器材越轻

■ 碳纤维制三脚架

碳纤维这种材料的特点是轻便结实且本身具有一定的弹性，所以相比其他几种材料它吸收震动的能力更强。

■ 三节设计的三脚架

三节与四节三脚架的最细管径是不同的，三节的最细管径要更粗一些，所以稳定性也更好。

便越好。因此笔者选择了既轻便又结实的碳纤维三脚架。碳纤维制三脚架重量轻，所以在稳定性方面要比铝合金制的差一些，但这个问题完全难不倒笔者，我们可以在三脚架的中轴上挂些重物（例如背包）来提高它的稳定性。此外三脚架的脚是可以收缩的，一般由三至五节组成，节数越多脚架就越不稳定，所以笔者选择的是较为稳定的三节设计。四节或五节的架子收缩起来后会变得很短，在携带方面更有优势。使用三脚架时还需要另外一个重要部件——云台。云台被安装在三脚架的上面，起固定和控制相机的作用。云台又可分为球型云台和三维云台两种，其中球型云台体积小巧，操纵便捷，三维云台的承重能力更好，定位更精准。

此外还要提醒大家的是三脚架和云台都有各自的最大承重量，如果其承载的器材重量超出了三脚架的最大承重量，会使三脚架变得不稳定。所以大家在选购时一定要问清其最大承重量是多少，并且最好留出富余量，防止出现意外。

■ 便携性

对于笔者这种经常需要外出取景的人，必须考虑三脚架能否装进箱子的问题。

■ 三维云台

三维云台靠两只手柄来调节相机位置，因此调节的精确度会更好。

■ 球形云台

球形云台是通过相机带动球头转动来进行定位的，所以操纵起来十分快捷。

> **要点**
> ● 碳纤维三脚架轻便结实，吸收震动的能力好。
> ● 三节设计的三脚架稳定性更好，四节设计的三脚架携带性更佳。
> ● 购买时请确认三脚架和云台的最大承重量。

02 滤光镜的选择

关键词: ND密度镜　PL滤光镜

使用ND密度镜可以大幅减少射入镜头的光量，从而降低快门速度，使我们在白天也能够轻松进行长曝光拍摄。PL滤光镜也被称为偏振滤光镜，它的作用是消除出现在非金属表面上的反光。此外根据过滤光的原理不同，偏振滤光镜又可分为线偏振镜和圆偏振镜两种。其中线偏振镜有时会影响相机自动测光和自动对焦系统的正常工作，所以笔者推荐使用更为先进的圆偏振镜。

● ND密度镜与PL滤光镜

借助滤光镜的帮助，我们可以实现某些在正常情况下无法得到的拍摄效果。笔者常用的滤光镜有ND密度镜和PL滤光镜两种。ND密度镜又叫中灰密度镜，它可以减少射入镜头的光量并且不对物体的颜色产生任何影响。根据减光能力的不同ND密度镜可被分为好几个挡位。其中笔者使用频度较高的有ND8、ND16、ND400三款，减光效果分别为3挡、4挡以及$8^2/_3$挡，在使用时我们要结合具体所需的曝光时间以及被摄物体的动作状态选择最合适的一款。另外一种是PL滤光镜，也称为偏振滤光镜。它的作用是消除出现在非金属表面上的反光，同时还能提高画面的色彩饱和度。根据过滤光原理的不同，偏振滤光镜可分为线偏振镜（L-PL）和圆偏振镜（C-PL）两种。由于在某些光线条件下，线偏振镜会影响相机自动测光以及自动对焦系统的正常工作，所以笔者推荐使用更为先进的圆偏振镜。此外为了防止滤光镜丢失或是被划伤，不要忘记为它们准备一个专用的收纳袋。

■ ND密度镜

为镜头安装ND密度镜可以大幅减少射入相机内的光量，是我们在白天进行长曝光拍摄的必备道具之一。

■ PL 滤光镜

PL 滤光镜也被称为偏振滤光镜，它的作用是消除出现在非金属表面上的反光。笔者推荐使用更为先进的圆偏振镜。

■ 保护镜头用的滤光镜

笔者通常将防止紫外线射入的UV镜当作保护镜来使用。

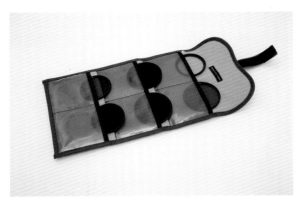

■ 滤光镜收纳袋

由于笔者手里有多枚滤光镜，所以特意为它们准备了专用的收纳袋，需要用的时候找起来也方便。

> **要点**
> ● ND 密度镜可以大幅减少射入镜头的光量，使我们在白天也能进行长曝光拍摄。
> ● PL 滤光镜可以消除出现在非金属表面上的反光。
> ● 为了防止滤光镜丢失或是被划伤，请为它们准备专用的收纳袋。

03 其他摄影装备

关键词： 摄影包　　快门线　　露指手套

　　摄影这项活动除了需要相机和镜头之外，其他的辅助装备同样必不可少的。其中笔者认为最重要的是一款符合自己拍摄习惯的摄影包。例如经常去山上拍摄的朋友需要能够装下器材和食品的大容量登山摄影包，经常去海边拍摄的朋友需要防水的包，经常出国拍摄的朋友需要能够放下笔记本计算机的包。此外，当我们在某些特殊环境下拍摄时，快门线和露指手套也是不可或缺的摄影用具。

● 大容量登山摄影包

　　当您制定好拍摄计划，挑选完所需的相机和镜头之后，就该考虑摄影包的问题了。下面笔者以风景摄影为例，向大家介绍一些选择摄影包时需要注意的相关事项。

　　首先关于摄影包的类型，笔者推荐双肩背式的登山摄影包。因为这种包即便长时间背也不容易疲劳，并且能够解放双手方便边走边拍。笔者有时会到荒无人烟的地方拍摄，除了器材之外还需要携带大量的食物和饮用水，因此背包的容量一定要足够大。此外摄影包的收纳能力也是我们必须考虑的问题。最好选择口袋尽可能多

左图是笔者正在使用的乐摄宝 Pro Trekker 400 AW 系列摄影包。这款包是专门为登山活动设计的双肩背式登山摄影包，底部还特别设有防水层，可有效防止雨水对器材造成伤害。

的包，这样可分门别类地装下不同的器材，便于我们寻找。笔者目前正在使用的是乐摄宝的Pro Trekker 400 AW摄影包，该款产品除了符合笔者的上述要求之外，底部还特别设有防水层，可有效防止雨水对器材造成伤害。此外有的朋友经常去国外拍摄，如果选择一款设有专门空间放置笔记本电脑的包，就可以不带别的包了。

双肩背式的摄影包即便长时间背也不容易疲劳，同时还能解放双手方便边走边拍。

挑选摄影包时最好选择口袋多一些的，这样我们可分门别类地放下不同的器材。不仅相机、镜头、三脚架等大件东西有地方放，一些小的物件找起来也十分方便。

摄影包最上面的部分可以单独拆卸下来，不想带太多行李时可以拿来当小包用。

● 快门线及露指手套

　　笔者常用的其他摄影用具还有快门线和露指手套。快门线是我们拍摄长曝光作品时必不可少的重要道具。笔者使用的快门线带有定时拍摄和延时拍摄功能，如果使用延时拍摄功能，可在后期处理时将拍摄到的素材制作成延时动画。

　　露指手套是可将指尖部分露出来的手套。在天气特别寒冷的地方，不戴手套的话根本没法拍摄，可是带上手套又很影响操作，所以大家就采用了露指手套这个产品。拍摄时将指尖露出来，拍完后立即收进去，既保暖又不影响操作，笔者建议那些即将去寒冷地方拍摄的朋友务必准备一副。

■ 快门线

笔者目前在用的快门线是佳能的TC-80N3。除了可用于拍摄长曝光作品，这款快门线还带有延时拍摄功能，可在后期处理时将拍摄到素材制作成延时动画。

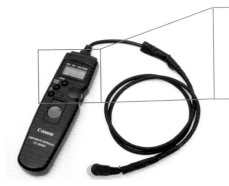

这款快门线的操作手柄上带有可以显示秒数的显示屏，方便曝光计时。

■ 露指手套

右图是笔者的摄影手套，同样是乐摄宝的产品。该手套指尖部分可以外露，在天气寒冷的地区拍摄时非常实用。

只露出指尖部分，便于操作。

> **要点**
> ● 请选择一款与自己拍摄习惯相符的摄影包。
> ● 双肩背式的摄影包即便长时间背也不容易疲劳，并且不占用双手。
> ● 在天气寒冷的地区拍摄时露指手套非常实用。